戦争の常識

鍛冶俊樹

文春新書
426

戦争の常識／目次

III　兵隊の常識

IV　陸軍の常識

V　海軍の常識

VI　空軍の常識

Ⅷ 自衛隊の常識

I　国防の常識

1　地政学とは何か？

安全保障を地理的な環境から論ずるやり方を地政学と言うが、昨今、経済界などで地政学的リスクなどという言葉をよく耳にするようになった。

2002年11月13日、米国議会、上下両院経済合同委員会で、米連邦準備制度理事会（FRB）のグリーンスパン議長が景気の見通しについて「イラクとの交渉を巡る地政学的なリスク」があると証言した。当時イラクの国連査察への非協力ぶりは誰の目にも明らかであり、武力攻撃もやむなしとの声も高まっていたから、これは明らかにイラクとの戦争の可能性を指している。つまりイラクとの戦争の可能性が景気の足を引っ張っていると言っているのだ。

2003年2月22日、つまり対イラク戦開始26日前にパリで開かれたG7（先進7カ国財務相・中央銀行総裁会議）で採択された共同声明には「地政学的な不確実性が高まっている」との文言が盛り込まれている。

これは会議の議長国フランスがドイツと連携して対イラク戦に反対していたことから入った文言である。つまり対イラク戦争は景気回復を妨げかねないことを示唆している。経済の領域から対イラク戦争を指す場合にいずれも地政学的という表現が用いられている。どうしてなのか？

これは戦争の経済に対する影響を考えるためには地政学的判断が極めて重要になっているからだ。たとえば1994年にアフリカのルワンダでは内戦で50万人以上が虐殺された。これは単なる内戦に留まらず周辺国にも戦乱の輪を広げ、中央アフリカ全体が現在も不安定な状況に陥っている。しかしこれが世界経済に与える影響は僅少である。平和の価値に地域によって差があるというのは一見奇妙に見えるが、やはり中央アフリカという地理的状況を抜きには説明できまい。つまり中央アフリカの戦乱は地政学的に見て世界への影響が少ないのである。従って西側先進国の介入は極めて限定的だった。

アフガニスタンの場合は、地政学的に見て攻撃すべしと判断されたわけだ。そしてイラクの場合は地政学的リスクが存在する。そのリスクとは何か？

アフガニスタンを制する者

「アフガニスタンを制する者は世界を制する」と言われる。事実、歴史をひもとけば世界征服の野望を持つ者は皆アフガニスタンを狙ったといっても過言ではない。

古くはアレキサンダー大王もジンギスカンもここを征服して大帝国を築いている。ナポレオンもアフガニスタンの征服を企てたと言われている。当時アフガニスタンの南に位置するインドは英国の植民地であり、英国の富の源泉でもあった。ナポレオンはアフガニスタンからインドに攻め込み英国から富の源泉を奪おうと考えたのである。

ここまで書けばお分かりのようにアフガニスタンはアジアの東西南北を結ぶ交差点の役割を果たしており、ここさえ抑えればインド、中国、中近東、ロシアに自由に抜けられるのである。

従って1979年12月に、ソ連がアフガニスタンに侵攻したとき米国が青くなったのも無理はない。アフガニスタンの西はイランであり、イランでは1979年2月にパーレビー王朝が崩壊し、米軍が追い払われていた。いわゆるホメイニ革命であるが、米国の影響下には既にない以上、いつソ連の影響下に置かれてもおかしくない。

イランの西はイラクであり、そのまた南はサウジアラビアである。世界最大級の石油産出国がまさに軒を連ねている。ソ連の当時の陸軍力をもってすればサウジアラビアまで侵攻することも不可能ではない。もしそうなれば西側資本主義国は貴重なエネルギー資源を失い壊滅する他ないのである。

当時のカーター米大統領は初めて世界地図を示しながら国民に危機を訴えたと言うが、地図を見ながら国家の首脳が話すとき、それは紛れもなく地政学的認識に立っているのである。

米国はアフガニスタンの反ソ勢力を支援し、実に内戦10年を経てソ連を追い払うことに成功したが、そのアフガニスタンが再び世界を戦争に巻き込むことになったのは、これまた地政学的必然としか言いようがない。

米ロ情報機関が連携

2001年9月11日のテロの直後、非常に興味深かったのは各国首脳の反応であった。ロシアのプーチン大統領、フランスのシラク大統領、英国のブレア首相は事件後数時間もしない内にそれぞれの国のテレビに登場し、米国に対する協力と支援を約束した。

この3人の対応は他と較べて際立っていた。というのもドイツのシュレーダー首相もテレビに登場したがドイツ国民に動揺しないように呼びかける側面が強かったし、中国の江沢民国家主席（当時）に至ってはテレビに登場するどころか米国への弔電だけだった。

日本の小泉首相もテレビで米国民への哀悼の意と支援を表明したが、各国首脳の反応を見た上で遅ればせながらの対応の感は否めない。また対米支援の内容もニューヨークに国際緊急援助隊を送る程度のことしか頭になかったようだ。ちなみに米国はこの申し出を拒否している。

英仏ロの対応はこの後も際立っている。9月15日にブッシュ大統領はウサマ・ビン・ラーディンを名指しして報復を宣言するが、その翌日には英国は特殊部隊をアフガニスタンに潜入させている。これは米軍特殊部隊が潜入するより1週間以上も早いのである。まるで米国がアフガニスタンに派兵するのを先刻承知していたとしか思えない素早さである。

ついでながら言えばテロ直後に、これが米軍のアフガニスタン派兵に直結するとは、一般には考えられてはいなかった。まず犯人は誰か直ちには分からなかったし、それがブッシュの言うようにウサマの指示によるとしても、アフガニスタンに引き渡しを求めて国際的な圧力を強めていくと一般的には考えられていた。それだけに英国の対応の素早さが一層目を引くのである。

もちろん、英国ばかりではない。フランスのシラク大統領はテロから1週間後にはブッシュ大統領に会って参戦の意向を伝えたし、ウサマが事件直前にフランスにいる義母と電話で交わした会話の傍受テープも提供した。これはウサマが事件に関与した証拠として決定的な役割を果たした。

ロシアの連邦保安局はテロ後4日しかたたない段階で、「テロが起きる前保安局は米情報機関に再三にわたって米領内で過激主義者がテロを行う可能性を警告した」と発表、更にウサマの居所についても「保安局は知っていたがテロ後彼は居所を変えた」「新たな潜伏場所は突き止められ、外国の情報機関に知らされるだろう」とまで述べた。

9月24日にはプーチン大統領はロシアのテレビで各国情報機関の協力強化を打ち出しており、米ロの情報機関の連携が確認された。しかも驚くべきはアフガニスタンに潜入した米CIA工作員の案内をロシア軍情報機関GRUが務めたのである。

米国とロシアの情報機関員が手を取り合って一緒に仕事をするなどということは冷戦期にはスパイ小説家でも思い付かなかっただろう。

よみがえったグレート・ゲーム

あのテロの起きる前に何らかの事前情報があったことは疑いない事実である。実は9月8日即ちテロ3日前に、サンフランシスコ講和条約・日米安保条約締結50周年の記念式典がサンフランシスコで開催されたが、その会場は出席者が驚くほどの厳戒態勢であった。東京の米国大使館も周辺の通行人まで調べられる警戒ぶりであった。テロの事前情報を日本を含めて各国が共有していたことは間違いない。

問題は英仏ロの首脳は、なぜそのテロは必ずや米軍のアフガニスタン派兵を引き起こすと確信したのか？　更になぜその派兵にかくも協力的であったのか？　である。特にフランスとロシアは後の米軍のイラク派兵には非協力的であっただけに、この疑問は一層強く感ぜられてしかるべきだろう。

その場所がアフガニスタンであることを思い起こせば、答えは読者には容易に察せられよう。改めて言うまでもなく、英仏ロの首脳は地政学的認識を同じくしていたのである。

ナポレオンもアフガニスタンを狙ったのは既に述べたが、その後19世紀いっぱい、大英帝国とロシア帝国がアフガニスタンの覇権を巡って壮大な争奪戦を繰り広げたことは歴史に名高い。

ロシアがアフガニスタンを欲したのは、ペルシャ（今のイラン）への出口を求めてであり、英国がこれを阻止したがったのは英国のインドへの脅威となるからである。壮大なスケールの覇権争いはグレート・ゲームと呼ばれた。

結局アフガニスタンは英国の、中央アジアの北半分はロシアの手に落ち、両帝国はアジア大陸を仲良く分け合ったのである。

英仏ロの首脳がアフガニスタンと聞いて色めきたつのも無理はない。少しでも歴史を勉強すれば、それこそ歌の文句ではないが、失われた過去が鮮やかに蘇るのである。

しかもアフガニスタンの北西はトルクメニスタン、天然ガスの宝庫である。更にその北西はカスピ海、海底に油田が眠る。パイプラインをアフガニスタン経由で敷設すれば、インド洋にも中国にも石油や天然ガスを送れるのである。その昔シルクロードはアフガニスタンを経由しており、そこを絹や財宝が行き来した。現代のシルクロードはまさにパイプラインである。

このアフガニスタンに狂信的なイスラム教徒が中世さながらの国を作り、テレビはもちろん電気もガスも水道もままならない生活を国民に強いている。女性達は服装の自由も外出の自由もなく、文字を覚えることさえ禁じられた。それだけならまだしもウサマ等イスラム原理主義者の巣窟となり、世界中でテロを引き起こし資本主義・市場経済の壊滅を画策しているとなれば、これを攻撃して解放する大義名分は十分すぎるほどあるのである。

いわば地理良し、資源良し、大義良しとなれば、これを攻撃しない手はないのである。この意味で言うと、ウサマは彼なりの正義感に基づいているのだろうが、却って欧米のイスラム圏植民地化に格好の口実を与えてしまったことになる。

かくて、米国のみならず英国、フランス、ドイツ、イタリア、スペイン、そしてロシアまでがアフガニスタンとその周辺国に軍を駐留させる結果となった。グレート・ゲームは現代によみがえったのである。

危機に立つサウジアラビア

石油が現在でも依然として世界経済の血液の役割を果たしていることは事実である。各種代替エネルギーや省エネシステムの発達は実際のところ、世界経済の需要を満たすまでは行っていない。

ところで石油の値段は誰が決めているのであろうか？　表面的には石油輸出国機構（OPEC）である。しかし実際にそこで主導権を握っているのはサウジアラビアである。

サウジは世界最大の産油国であり、大量の石油を最も効率よく産出できるからだ。サウジが石油を増産すれば石油の値段は下がるし、減産すれば値段は上がる。つまりはサウジが値段を決めているのと同じである。

ではサウジはどうやって石油の値段を決めているのか？　それはひとえにサウジの王族の事

情による。サウジには数千人の王族がいる。家族まで合わせれば数万人となる。歴代の国王が国内を纏めるため何百という部族の長の娘と政略結婚を重ねてきた結果である。

この王族達がハッピーに暮らせるだけの王室費を捻出することがサウジの国家としての主要課題なのだ。石油の値段はこの王室費に見合うように設定されるのである。

しかもサウジにはもともと民主主義など存在しない。国会もなければ言論の自由もない。いまだに絶対王政の国だと言ってよい。従ってこうした政治のあり方に対する批判は一切許されない。当然王族の腐敗・堕落は著しく、留まるところを知らない。

スペインのとある町に壮大な別荘を建て、何隻もの豪華ヨットを乗り入れ、何十台という高級乗用車を乗り回し、半年間で数百億円もの金を浪費するという。これらはすべて我々が支払っている石油の代金で賄われているのだ。こうした王政への批判はサウジの内外に根強くある。アラブの富裕な階層は欧米に留学して民主主義の知識を身につけて帰ってくるから批判は一層先鋭化する。サウジ王族にすら批判分子がいるのだ。

ウサマ・ビン・ラーディン率いるアルカーイダもウサマを含めサウジの富裕階層出身者が多く、王族の堕落ぶりには批判的だ。しかもサウジ王族にも共鳴する者がいる。これでは、まるで石油コンビナートの真ん中に時限爆弾が仕掛けられているようなものだ。革命がいつ起きても不思議はなく、一旦起これば収拾がつかなくなる。

しかもこの絶対王政のサウジを民主主義の最大の擁護者である米国が保護している。これは矛盾以外の何物でもない。

仏独はなぜイラク戦争に反対したか

もしサウジ王朝が崩壊した場合、欧米諸国が特に介入しなければ、事態を収拾できる国はただ一つ。それはフセイン政権下のイラクである。

1990年8月にイラクがクウェートに侵攻したとき、欧米諸国が真っ青になったのもまさにこの理由からだ。確かにクウェートに侵攻したからと言って、その時フセインがサウジまで侵攻しようとしていたかは、分からない。しかし問題は、その時のイラクはサウジまで侵攻できる能力さらには併合する能力までも十分に兼ね備えていた点である。

イラクはアラブ圏の中では最大の強国なのだ。それは単に軍事力だけではない。サダム・フセインの独裁下で曲がりなりにも近代化を実現してきている。アラブ諸国の中の近代化の優等生と言ってもいい。しかもサウジとは言語も宗教も同じアラブ人である。フセインがサウジを併合しようと野心を抱くのは自然なことであり、サウジの民衆がそれを受け入れる可能性も十分ある。旧弊なサウジ王朝よりもフセイン独裁の方が近代的で統制がとれているのだ。

だがイラクはサウジに次ぐ世界第二の原油埋蔵量を誇る。もしイラクとサウジが合体すれば、世界の石油市場はフセインの思いのままとなり、日本を含めた西側資本主義国はフセインの顔色を日々窺わなければならなくなる。

これが湾岸戦争に至った理由であった。してみれば、この不安はフセイン独裁のイラクがある限り、拭い去られないものであることも容易に分かろう。しかもサウジ王朝が崩壊に近づけば一層不安が増大する。従って2003年対イラク戦争の理由も全く同じである。

では仏独が1991年湾岸戦争に賛成し、2003年イラク戦争に反対したのはなぜか？まさにここにこそ地政学的不確定性が現れる。

フセインとヒットラー

フセインとかつてのドイツの独裁者アドルフ・ヒットラーとには単なる独裁者という以上の類似点がある。ヒットラーはナチス党を率い国家社会主義を標榜して国民を統制し、経済復興を一時的にせよ実現した。フセインもバース党という政党を率いており、バース社会主義の名の下に国民を統制し近代化の道を歩んだのである。

しかし類似点はこれに留まらない。ヒットラーが1930年代に台頭したとき、英仏はそれに対して当初寛容だった。そのわけは平和主義もさることながら今ひとつの理由として共産主義の脅威が挙げられる。

ソ連を中心とする国際共産主義運動の高まりは日本を含め資本主義国では共通の脅威となっていた。ところがヒットラーのナチス党やイタリアのムッソリーニ率いるファシスト党はいずれも強力な反共主義をとっており、現に独伊では共産主義運動は押さえ込まれる結果となっていた。

そこで英仏は独伊を国際共産主義運動に対する防波堤と見なしたのである。事実、英仏には反共主義の立場から独伊と連携を模索する動きもあったのである。

これが現代のイラクと共通する。というのもイスラム原理主義は「イスラムの原点に返れ」と、イスラム圏の諸国に呼びかける。もともとサラセン帝国時代の中近東には国境はなく、従ってイスラム原理主義は国境を認めない。イスラム圏にいくつもの国があって勢力争いをしていること自体が許されないと考えている。

つまりイスラム諸国の国家体制そのものに否定的なのである。必然的にイスラム原理主義は国際イスラム革命運動にならざるを得ない。ここにかつての国際共産主義運動との類似性があることは言うまでもない。そして、こうしたイスラム原理主義に対してイラクのバース社会主義は強い抵抗力を持つのである。

1979年にイランでイスラム原理主義による革命が成立した。いわゆるホメイニ革命である。当然のようにイランはイスラム革命の輸出国となって、イスラム諸国の脅威となったのである。

　この革命イランに敢然と立ち向かったのがフセインのイラクである事は言うまでもない。イラン・イラク戦争は１９８０年から１９８８年まで行われ、イスラム諸国や欧米諸国は、イスラム原理主義の脅威を封じ込めるため、こぞってイラクを支援したのである。

　つまりフセインのイラクはイスラム原理主義が中東に拡がるのを防ぐ防波堤の役割を果たしていたのだ。

　第二次世界大戦でナチス・ドイツが崩壊した結果、共産主義は東ヨーロッパに一気に拡がり、極東では大日本帝国が崩壊して共産主義が北朝鮮、中国に拡がった。そこで資本主義対共産主義の戦い、つまり米ソ冷戦が始まったわけだ。

　フセインのイラクが潰えた場合、当然これと似た図式が懸念される。イスラム原理主義が中東に拡大し欧米諸国と対立する懸念である。これが仏独ロが対イラク戦に反対した理由である。

　仏独は同じヨーロッパ域内にトルコを抱え、ロシアはチェチェンを抱えている。イスラム原理主義の浸透には敏感にならざるを得ない。その点、身近にイスラム圏を持たない英米と賛否を分けた格好となったわけだ。

　対イラク戦争の結果フセイン政権はあえなく崩壊したが、その後イスラム原理主義者によると思われるテロに悩まされる結果となったのは周知のことだ。世界は地政学的リスクを負ったのである。

2　防衛、国防、安全保障

航空自衛隊には「指揮運用綱要」という教範がある。教範とはいわゆる教科書のことで、自衛隊の活動についての認識を統一して隊員を教育するための各種の教範が自衛隊にはある。「指揮運用綱要」は航空自衛隊の教範の中では、最高の位置づけにある。将来、高級幹部を目指す若きエリート達はこの教範を暗唱できるほど頭にたたき込むのが普通である。

さて、「指揮運用綱要」の冒頭では航空自衛隊の使命について述べ、更に次の文言が続く。「このため航空自衛隊は、百事防衛行動をもって基準とし」

たかが教範の文言と笑うなかれ。航空自衛隊の教範の中の教範、しかも冒頭の文章となると、航空自衛隊の行動の最も基本的な部分を規定する。従って一言一句の解釈が日本の防衛政策を左右しかねないのである。

ところが昨今の若き幹部達は、「百事防衛行動をもって」を専守防衛に徹し、攻撃してはならないという意味に解釈するそうである。これは実に驚くべき誤解であって、この教範の策定者達は草葉の陰で泣いているであろう。

軍事を防衛と言いかえたのは第一次大戦後

実はここで言う防衛行動というのは、軍事行動のことである。軍事を防衛と言いかえている例は日本のみならず欧米にも数多くある。たとえば英国に有名な軍事雑誌で〝Jane's Defense Weekly〟というのがあるが、この場合〝defense〟は軍事全般を指しており、別にこの雑誌が防衛的な兵器だけを扱っているわけではない。

軍事を防衛と言いかえるのが一般化したのは第一次世界大戦後のことである。第一次世界大戦は特にヨーロッパでは史上未曾有の大惨事となったので、侵略はこれ以後、国際法上違法と考えられるようになった。ただしここで言う侵略とは戦争を仕掛けることで、つまり先制攻撃を指す。

従って先制攻撃を受けて立つのは防衛であり禁止されてはいない。しかもここで言う防衛とは専守防衛というような限定的な意味ではなく、敵地を攻撃し占領することまでを含む。つまり先制攻撃をしないだけで、そのほかの軍事行動はすべて含むわけだ。

侵略が違法である以上、軍事はすべて防衛目的であるはずである。ここにおいて軍事を防衛と置き換える風潮が生じたわけである。

そこで「指揮運用綱要」の文言に戻れば「百事防衛行動をもって基準とし」は、あらゆる点において軍事行動をとることを前提としているという意味である。要するに軍事的に必要な措置をとりうる組織作りを目指す、更に踏み込んで言えば防衛上必要であれば敵地の攻撃も辞さない事を前提にしているわけだ。

つまり専守防衛で敵地を攻撃はしないと言うのと、意味は全く逆なのである。

国防と防衛、安全保障との関係

防衛という言葉ですら時代の変化とともにその意味が分からなくなる。これは国防とか、安全保障といった用語についても同様である。

たとえば90年代に防衛庁のある幹部は「これからは防衛と言わずに安全保障と言った方がいい」という意味の発言をしたそうだが、そのせいか、防衛庁などでも安全保障という言葉が多用されるようになってきている。

だが今まで防衛を担当していた官庁が、何らの法的な権限の変更なしに安全保障担当の官庁になりうるであろうか？　もしそうなら防衛＝安全保障ということになる。果たしてそうか？

また以前は、よく国防という言葉が使用されたが、これと防衛や安全保障との関係はどうなのであろうか？

まず防衛と国防の関係を考えると、防衛とは先に述べたように軍事的な意味合いが強い。従って単に防衛と言った場合、軍事的に防衛することを指すことが多い。

ところが第一次世界大戦は国家総力戦とも言われ、単に軍隊同士が戦ってすむ次元の戦争ではなくなってしまった。たとえば航空機が戦争に登場した結果、爆弾を空から投下することが可能となった。一般市街も空襲の対象となり、市民をどう守るかは重要な課題となった。これを市民防衛あるいは民間防衛と言うが、ここでは軍隊の果たす役割はむしろ小さく、警察、消防さらには市民団体や自治組織の協力が不可欠となる。

また敵の経済的な基盤を破壊しようとする戦略的な攻撃、例えば工場を爆撃するとか商船を撃沈するとかが行われると、それに対して工場を分散させるとか物資を備蓄するとか生産を調整するという経済防衛が必要となる。これは経済関係の官庁が担当しなければならない。

スパイが暗躍すれば情報防衛しなければならないから情報機関の出番となる。さらには思想防衛、文化防衛も必要となり学者や芸術家、マスコミまで動員されたのである。まるで軍国主義そのもののようだが、実際は日本やドイツだけではなく、米国、英国、フランスなどでも世界大戦時はどこも同じであった。

こうした軍事防衛やそのほかの各種防衛を総合して国防と呼ぶのである。国防においてはもはや軍隊が主役ではなく、各行政官庁が一体となって国民全体を防衛することとなる。

安全保障には戦時と平時の区別がない

安全保障を国防＋同盟・外交と説明することは出来る。しかしそれでは、安全保障が持つ行動的な側面がうまく伝わらない。それに最近見られる安全保障の範囲の拡大、例えば情報セキュリティとか人間の安全保障などの説明にはこの定義は応用できない。

不安を除去するために、あらゆる手段を使うのが安全保障である。そこには武力の行使も経済封鎖や制裁も情報工作も同盟関係の構築も外交関係の修復も経済交流や文化交流も市場の開放も民主化の推進も福祉や教育の向上も科学技術の発達もすべて含まれる。

こうして見ると国防との類似は確かにある。国防も軍事のみならず経済、民間、情報、文化に至るまで幅広く施策を講ずるのである。類似点がある以上国防力も安全保障には応用される。しかし違いはその方向性だ。不安を除去するには自国に留まっていて出来るわけはない。地球上のどこに不安があるかは分からないから、地球規模で観察することが必要になる。更にその不安がどう波及するかを考えなければならないから、地政学的判断も環境論も経済分析や資源問題も考慮に入れなければならない。

また諸外国にも積極的に働きかけなければならない。ときには介入も必要となるし軍事行動も取るのである。そこに極めてアグレッシヴな性格があることは否定できない。

米国はイラクのフセインが不安の種であるが故に、これを積極的に除去した。米国は乱暴だなどと言ったところで、ヨーロッパだって自国が攻撃されたわけでもないのにアフガニスタンには兵を送ったのである。

更に安全保障と国防の異なる点は、国防が戦時に重点が置かれているのに対して安全保障には戦時と平時の区別がない点だ。つまり国防は平時においては戦争に備えており、戦争が始まった時点で本領を発揮し、戦争終結とともに平時の態勢に復帰する。段階的区分が明確なのだ。ところが安全保障には始点も終点もない。戦争が始まろうが終わろうが間断なく安全保障の体制は継続している。

国連はこの典型だ。第二次世界大戦とともに形成され、戦後もそのまま継続している。国連は米国を中心とした安全保障の機関である。米国は大戦後も朝鮮戦争、ベトナム戦争、湾岸戦争など幾多の戦争を経験しているが、国連の体制に何の変化もなかったのは周知のことだ。

また米国のクリントン政権の経済安全保障を思い出して貰っても良い。米国が国家安全保障戦略に経済問題を持ち込んだことは有名だが、90年代の米国は日本の経済を米国の脅威と見なし、その不安を除去するために日本の市場開放に乗り出したのである。

その手法は話し合いなどと呼べるものではなかった。クリントン大統領自ら貿易戦争と宣言して米国世論を総動員し、為替を操作し、日本の外交代表団の電話を盗聴し、更には過去の日米間の機密事項を暴露して自民党に圧力を掛けることまでした。

　ところで日本と米国は戦争をしていたのだろうか。日本にはそのつもりはもちろんなかった。しかし米国は明らかに情報戦争の手法を用いていた。安全保障ではあらゆる手段が用いられ、その中には戦争の手段さえも含まれる。従って安全保障においては戦争と平和の区別が不明確になるのである。

II　軍隊の常識

1　軍隊とは何か？

軍隊とは本来、武力を行使するための組織である。武力を行使するとは要するに戦争をするということだから、要するに戦争のための組織だと言ってもいい。だが日本と同様、国連でも戦争という言葉は忌避される傾向があり「武力の行使」と表現される場合が多い。

もっとも、これは単なる言葉の置き換えというわけでもない。クラウゼビッツの名著「戦争論」にはこう書かれている。

「戦争とは武力を行使する行為であり、武力行使は敵対感情に支配されるものであり、限界はない。すなわち一方が武力を行使すれば、他方も武力をもって対抗することになり、かくて両者間に生ずる相互挑発作用は概念上無限界なものにならざるをえない」

これによると武力行使とは戦争という相互作用の一部分を指した限定的な表現だと分かっていただけよう。よく「無制限の武力行使」などと言うが、始めから無制限に武力を行使するわけはない。一方の武力の行使に他方が対抗し、その応酬は際限もなく拡がると言うのだ。

クラウゼビッツは19世紀のドイツの軍人・軍事理論家であるが、この考察は20世紀以降の戦争の様態にも十分当てはまる。二つの世界大戦では限定的な武力行使から始まって、戦線は際限もなく拡大、平面的な戦いばかりでなく、立体化して空や海底にも広がり、更には電波も駆使され、経済、思想、文化までも戦争に動員された。

従って戦争のための組織も単に軍隊ばかりではなく、各行政官庁の中にも設けられていた。そうした事情を考えると、軍隊は単に戦争のための組織というよりも武力行使のための組織と言った方が正確であろう。

軍隊と警察の間

軍隊ばかりが武力行使を行うわけではない。たとえば警察は治安維持を目的とする組織だが、治安維持のために武力を行使することは十分考えられる。

この場合、軍隊は武力行使のための専門化した組織、非常事態に出動する組織であり、警察は治安維持を目的として平時に活動することに重点が置かれた組織であり、概念上の区別は一応明確である。

だが実際に世界を見ると、軍隊と警察の区別は必ずしも明確ではない。軍隊だか警察だかよく分からない組織がたくさんあるのだ。

たとえばロシアの内務省治安部隊はその典型であろう。国防省ではなく内務省であるから警察と見るのが妥当なようにも思える。だが装甲戦闘車や大砲まで持っているとなると軍隊としか考えられない。

似た例として中国の人民武装警察隊がある。もともとは中国人民解放軍の一部だったが、公安部の所属となった。公安とはつまり警察のことだから警察になったのかと思いきや、1993年に再び人民解放軍の指揮系統に復帰している。数多くの暴動を武力鎮圧することで名高い組織であるから治安維持用の軍隊と考えるほかあるまい。

こうした例は旧共産圏だけとは限らない。例えばフランスに行くと地方では今でも国防省所属の軍人が警察業務を遂行している。ジャンダルムと呼ばれ、都市部を管轄している内務省所属のポリース（警察）とは区別される。

ジャンダルムとは直訳すると「軍隊の人」の意だが、一昔前までは日本語で憲兵と翻訳されていた。憲兵とは戦前の日本軍で、主に軍内部の犯罪取り締まりに当たる軍人であり、場合によっては民間人の取り締まりにも当たった。だが今や憲兵は死語であり、憲兵隊と言っても普通の日本人には分かるまい。

〝Military Police〟と英訳されるから、最近ではジャンダルムも軍警察と和訳している。だがそれでは一般の警察業務を行う部署であることが日本人にはうまく伝わらない。警察軍と翻訳している場合もあるようだが、この翻訳ぶりを見るだけでも軍隊と警察の境界の曖昧さが分かろうというものである。

ちなみにジャンダルム型の警察制度はフランスだけでなく、南欧、中南米、アフリカなどで幅広く採用されている。

また米国の警察には特殊警察隊（SWAT）が置かれている。凶悪犯罪や暴動の鎮圧に当たるものだが、装備や訓練、実際の活動などを見ても軍の特殊部隊と異なるところはない。

ここまで言えば日本の特殊部隊にも言及しないわけにはいかないだろう。日本の警察には「SAT」（特殊急襲部隊）と呼ばれる特殊部隊が存在する。また海上保安庁にも対テロ専門部隊がある。訓練は一般に公開されているが、その装備といい活動内容といい、軍の特殊部隊とほとんど差がない。

ついでながら言えば、軍隊のないはずのコスタリカにも治安部隊が8000人ほどいる。武器は自動小銃が主だが、対テロ、対ゲリラの戦闘には十分である。ニカラグアからの正規軍侵攻の可能性を除けば、最大の脅威はテロやゲリラ活動であるから、国の防衛に有用であることは明らかだ。今後、こうした脅威が増大すれば重装備化することも考えられる。

情報機関の軍隊

軍隊と関わりが深い組織には警察以外に情報機関が挙げられる。一見すると情報機関は武力の行使をするとは思われないであろう。しかしこれは武力をどの範囲で理解するかによる。

たとえば戦争において敵の司令部を攻撃するのは極めて有効だ。司令部が壊滅すれば組織的な抵抗は不可能になる。このため司令部はしばしば集中砲火を浴び何千発もの砲弾に見舞われる。

しかし、もし司令官の正確な居場所が分かれば、たった一発の砲弾で司令部を壊滅させることが可能となる。

1996年4月のチェチェン紛争におけるドゥダーエフ大統領の戦死はその典型だ。大統領は自室において携帯電話を使用中に飛び込んできたロシア軍の砲弾で死亡した。携帯電話の電波を探知され正確な位置をロシア軍に知られた結果だと言われている。

この場合、正確な位置情報が数千発の砲弾に匹敵する威力を発揮したことになる。情報活動は武力行使と一体化しているのである。

情報機関は大まかに3種類に分けられる。一つは軍の情報機関であり、軍事情報の収集を主任務としている。ロシア軍のGRUや米国防総省のDIAが有名である。

軍の情報機関とは別に政府直属の国家情報機関がある。これは通常、自国内を対象にする国内用と、外国を対象とする対外用に分けられる。国内用ではロシアの連邦保安局（FSB）や米国のFBI、英国のMI5など、対外用ではロシアの対外情報局（SVR）、米CIA、英MI6などが有名だ。

ただし以上3種類の分類はそれほど厳格なものではない。ロシアのFSBとSVRはソ連時代には、あの悪名高きKGBとして一体だった。つまりソ連では国内用と対外用の区別がなかった。

またロシアのFSB、アメリカのFBI、イギリスのMI5は単なる情報機関ではなく、捜査機関、保安機関でもある。つまり警察に近い機能を持っている。

更に米FBIは最近外国に進出している形跡も見られる。軍の情報機関も外国の軍隊だけを対象にしているわけでもないようだ。戦争は軍だけではなく政治、経済、科学技術、マスコミなどに関係しているので、結局幅広く政府や民間への浸透を図るのである。

また逆に国家情報機関でありながら軍事部隊を持っていることも珍しくない。現にCIAやFBIはアフガニスタン紛争時に軍事部隊を派遣していた。旧KGBも国境警備隊を持っていたが、装備には戦車、装甲車、大砲、更に戦闘艦艇や武装ヘリコプターまで揃えていた。1991年のKGB解体後、国境警備隊は大統領直属となっていたが、2003年3月にプーチン大統領はFSBとの合体を決定した。14万人の軍事組織を再び手にしたことになる。

情報収集と情報工作

従って3種類の情報機関といってもいつもきちんと分類されるものではなく、様々な組み合わせがあり得るし、ときには同じ国の情報機関でありながら競合してしまうこともままある。

また情報機関の任務は単なる情報収集とは限らない。情報活動というのは幅広いもので、情報収集はその第一歩に過ぎない。収集された情報は分析され、その成果は中枢部に報告され、外交や戦闘に役立てられる。

だがそれだけではない。その成果を生かして情報工作が行われる。特定の人物や団体に特定の情報を提供することで影響力を行使するのである。

たとえば現在、日本は安全保障関係の情報はほぼ米国に依存している。テロ情報などはＣＩＡ提供そのままを受け入れて警戒態勢を敷いている。この場合、情報提供は命令とほとんど変わらない。情報の力は支配をも可能にするのである。

テロと情報戦争

情報機関とは一口に言って情報戦争を任務としている軍隊だと言って良い。

ここで情報戦争について説明しておくと、戦争には本来、正規戦と情報戦争の二つの側面がある。正規戦とは、国際法上正規と認定された軍隊つまり正規軍同士が公然と武力を行使し合うものを指す。これに対して情報戦争とは非公然の戦いであって、戦争の見えない部分を指す。自らの情報発信を厳しく統制し、逆に相手の情報は丹念に収集・分析し行動する。

情報の発信を統制すると、特に現代は情報化社会であるから、自分の姿を一般には見えなくさせることも、実情と全く違った存在に見せることも可能である。いわば変幻自在なわけだ。逆に相手の情報を丹念に収集・分析すれば、一般には気付かれなかった相手の存在や姿が浮かび上がる。そして自分の姿を隠し相手に狙いを定めて行動に移るわけだ。

こうしてみるとテロは情報戦争の典型だと分かる。たとえば乗客になりすまして旅客機に乗り込み、ハイジャックして爆破する。乗客を殺すことが目的なのではなく、その事件が報道されて、恐怖を載せた情報が社会全体を震撼させ、それによって政府の正常な活動を阻害することが目的なのである。

情報化社会における情報の役割を見事に押さえた戦争形態だと分かるだろう。従って対テロ戦争でも情報機関が大きな役割を担うことになる。情報機関をあえて軍隊と呼ぶ理由がここにある。

もしフセインが死んでいたら

たとえばの話が2003年のイラク戦争だ。3月20日、ブッシュ米大統領は、「フセインの正確な位置をつかんだ」との報告で攻撃の指令を出した。巡航ミサイル「トマホーク」はバグダッド市内の、とある民家を直撃した。

もしこのときフセインが死亡していたなら、イラク戦争はその時点で終了していた可能性がある。トップの独裁者が死亡した以上ナンバー2に権限は委譲されるが、全てをフセインが牛耳っていたイラクで、彼以外の誰であれ対米戦争を遂行できるほどの求心力を持てるはずがない。おそらくナンバー2は戦争中止を決断し、フセインの死を知ったイラク国民や軍もそれを受け入れただろう。

もしそうなっていればイラク軍は雲散霧消することなく、従って米軍などへのテロ攻撃も起こらなかった。米英によるバグダッドの占領もなかったであろうが、遥かに整然とした終戦を迎えたであろう事は想像に難くない。

それと較べれば実際に辿ったプロセスは最悪だったことが分かる。

確かに首都バグダッドは3週間で陥落したが、政府も軍も瓦解してしまい、イラク全土が無政府状態になり、旧政府軍兵士が外国のテロリストと合流してしまった。

米国はこうした事態を予期し得なかったのであろうか？　予期し得ないはずはない。米政府首脳はさておき、米軍幹部は分かっていたはずである。というのも、首都攻略は戦史に枚挙のいとまのないほど実例があるが、そのいずれもが首都攻略の重要性と同時に困難さを教えている。つまり首都攻略は、一歩間違うと敵政府の崩壊を招き無政府状態を現出してしまいかねず、その収拾に却って手間取るのである。

おそらく米軍の首脳はこうした事態をむしろ避けたかっただろう。だからこそ戦争初動でフセイン狙い撃ちに同意したのだ。

戦争中も米軍はフセインの正確な位置を探ることに全力を挙げ、フセインはその都度居所を変えていた。情報戦争の視点で見れば、フセインの居所を探ること自体が既に攻撃であり、居所を変えていたフセインが防御をしていたことになる。

結局戦闘中に遂に米軍はフセインを捕捉し得なかった。たった一人の人物の位置情報の有無が戦争の帰趨に雲泥の差をもたらしたのである。

無差別テロと暗殺

実は米国がフセインを狙い撃ちするに至るまでにはそれなりの経緯がある。96年のロシア軍によるドゥダーエフ爆殺の成功が与えた影響は大きい。実際、チェチェン紛争はその後終息に向かったからである。

98年8月7日にケニアとタンザニアの米国大使館が同時に爆破され計250人以上の死者が出た。それに対処するため米国は8月20日にスーダンとアフガニスタンを同時にミサイル攻撃したが、この内、一部はウサマ・ビン・ラーディンを狙い撃ちしたものだった。

ウサマはアフガニスタンの首都カブールの南東にあるホストのアルカーイダの訓練キャンプを訪れるはずだった。その夕食会の会場を狙ったのだが、彼はそこにはいなかった。

2001年9月11日のテロの後、ロシアの連邦保安局が「テロを事前に米国に警告していた」と言い「ウサマの居所を知っていた」と発表したのは明らかにここに伏線がある。狙い撃ちについて一日の長があるロシアは、米国がウサマの位置情報を知りたがっているのを理解しており、絶えず彼を捕捉していたのだ。

テロと言えば昨今無差別テロと思いこまれているが、本来は特定の人物を狙うのが常識だった。その点で暗殺と同義語だった。ところが情報化社会の進展とともに無差別テロが常識化し、それに対処する対テロ戦争が暗殺の手法を取るに至った。

これはイスラエルが採用した暗殺作戦に最もよく現れている。パレスチナ過激派による相次ぐテロに業を煮やしたイスラエルのシャロン首相は2001年8月には「テロには暗殺で対抗する」と明言し、次々に過激派幹部の殺害を実行している。もちろん過激派は常に潜伏しているわけだから、その成否は位置情報にあることは言うまでもない。

つまりテロも対テロも情報戦争の部分が99％を占めているといって過言ではない。

秘密は永遠に

ついでながら言えば、情報機関は大体、秘密の存在だ。確かにCIAやMI6は有名な存在だが実際の活動実態は全くの不明である。世界中のほとんどの国に情報機関は存在するが大部分はその正式名称すら分からない。しかし、だからといってその存在を無視しては戦争はもちろん外交も国際政治全体も語ることは出来なくなってしまう。それくらい情報機関の役割は大きい。

戦争においても、正規戦は大変に目立つが実は氷山の一角に過ぎない。その海面の下には何十倍もの情報戦争が隠れている。それはしかも正規戦の始まる遥か以前から始まっており、正規戦が終わった後も間断なく続く。

イラク戦争においても2003年3月20日に正規戦は開始され5月1日には終了しているが、実態の分からない部分は山ほどある。

3月20日以前に米英軍はどれぐらいイラクに浸透していたか。米国はフセインの位置をどのようにして特定しようとしたのか？　その際内部通報者がいたのか？　なぜフセインの軍隊はあっけなく敗れたのか？　しかもなぜ正規戦終了後、テロでは頑強に抵抗したのか等々。

こうした謎が明らかになる日は、いつになるだろうか。

2　軍隊と法

テロ組織は軍隊か？

軍隊が武力行使のための組織であるとするなら、たとえばテロ組織のアルカーイダは軍隊なのか？　公開されている訓練風景の映像などを見ると、明らかに軍事訓練を行っており軍隊としか呼びようのないものであることが分かる。

だが一般的にテロ組織は軍隊とは呼ばれない。つまりテロ組織は正規の軍隊とは見なされないのである。では正規軍と見なされるための定義は何かと言えば、それは一応、国際法に規定がある。

（1）部下のために責任を負うものが、その長としてあること。
（2）遠方から識別できる固有の標識を有すること。
（3）公然と兵器を携帯していること。
（4）その行動について、戦争の法規慣例を順守すること。

以上、「陸戦ノ法規慣例ニ関スル条約」の附属書「陸戦ノ法規慣例ニ関スル規則」によっている。

ちなみにこの規定は1907年にオランダのハーグで結ばれた国際条約である。21世紀に生きる我々から見れば100年も前の古い規定に見えるが、実は戦争の長い歴史から見れば随分新しい規定である。

19世紀や18世紀にも軍隊はあったわけだから、その時代はどうしていたのか、という疑問が湧くかも知れない。これは明文化された規定がなかっただけで、慣習的に正規軍を同様の観点から区別していた。つまり19世紀以前にも正規軍とそれ以外の武装組織の区別は重要だったのである。

「テロとの戦い」は昔からあった

実はテロとの戦いを新しい戦争などと呼ぶ向きもあるようだが、昔からテロ組織やゲリラ部隊はあり、軍事上重要な意味を持っていた。単に反政府組織だけがテロやゲリラ戦などのいわゆる非正規の戦いをしていただけではなく、正規軍も軍人を変装させたり、現地人を雇ったりしてテロやゲリラ戦、あるいは偵察や情報工作などを遂行していた。

こうした非正規戦が正規軍にとって脅威であるが故に、国際法上禁止されることとなり、正規軍か否かの区別が重要になったわけである。

テロリストやゲリラは捕虜ではなく犯罪人

禁止されているとは具体的にはどういう事かと言えば、テロリストやゲリラやスパイは捕らえられた場合、捕虜としての処遇が受けられず、犯罪人扱いとなるのだ。従って裁判を受けて死刑となる可能性も十分ある。それに対して正規軍人は敵に捕らえられても国際法上定められた捕虜としての扱いを受け、安全が一応約束されている。

非正規戦とは情報戦争に包含される戦いであり、実際上極めて有効な戦い方である。従って国際法上いかに禁止されても、国際法を守って敗北しては元も子もないので、決してなくなることがない。

更に言えば、昔は正規軍人は華々しい制服を身につけていた。正規軍は隠れることなく威風堂々と戦っていたのだ。正規軍の規定もその時代の風潮を色濃く反映しているわけだ。

ところが現代の特に陸戦の兵士などは迷彩服に身を包み、顔や手まで塗料で迷彩している。遠方から識別できる固有の標識などという条文はほとんど死文化していると言っていい。

これは正規軍そのものが実戦の必要からゲリラ部隊の服装に近づいている事を示す。つまり正規戦が非正規戦化してきている。非正規戦がなくなるどころかむしろ増えていると言っても良い。

捕虜の虐待、殺害

ついでながら言えば、正規軍人が常に国際法通りの処遇を受けられるなどと思ったら大間違いだ。確かに捕虜の取り扱いは国際法に取り決めがあり、それに沿って扱われるのが決まりである。

しかし実際の戦闘においては捕虜は大きな負担になる。圧倒的多数の兵力の前に少数の敵兵が降伏した場合ならともかく、戦闘が継続中に敵兵を拘束しても、捕虜収容所まで護送するだけの兵力の余裕があるとは限らない。かといって釈放すれば、こちらの状況を敵に通報することは分かりきっている。たとえば40人の部隊がどの辺にいるかが分かれば、敵は必ずその数倍の兵力で攻撃してくる。戦場での捕虜の釈放は味方の命取りになるのである。

捕虜を尋問して敵の情報を得ることも当然あり得るが、協力的になって貰うには脅迫も必要になる。

こうした戦闘の現実を考えると、捕虜の安全が国際法通りに確保されるのはかなり運がいいと思わなければならない。繰り返すようだが国際法を守って敗北しても何の意味もないのが戦場なのである。

捕虜の虐待や殺害は、第二次大戦後長い間、ドイツ軍や日本軍の悪弊のように言われてきた。しかし実際にはソ連軍にも中国軍にも米英軍にもそれはあった。

いずれにしても戦争の現実を国際法だけで杓子定規に論ずるなどというのは無謀なことなのである。

軍事優先の特例措置

正規軍と認定されると法律上、様々な特例措置が生ずる。たとえば国際法では軍艦や軍用機はたとえ外国の領域内にあろうと本国の主権下にあるものと見なされ、外国の主権が及ばない。

これを如実に示す事例として挙げれば、1985年12月に米国のフリゲート艦ロックウッドとフィリピンの貨物船が、東京湾の出口である浦賀水道で衝突するという事故があった。日本の領海内であるから海上保安庁が国内法に基づき捜査するのが普通なのだが、米国は全く捜査に応じず、海難審判は開かれず終いになった。米国の軍艦は米国の主権下にあり日本の司法当局の権力は及ばないのである。

ちなみに国際民間航空条約や国連海洋法条約など各種国際条約でも軍艦や軍用機は適用除外となっている。

また通常どこの国でも自国の軍隊には様々な特例を設けている。例えば軍用機や軍艦が飛行場や港に離着陸、出入港する際は民間機や一般商船に対して優先権を認めているのが普通である。軍用車両についても緊急時には優先権が認められる事は言うまでもない。

更に軍人はその特別な義務故に、一般国民に適用される刑法とは別の軍刑法が適用される。

例えば2001年2月にハワイのオアフ島沖で米原潜グリーンビルが日本の水産高校の実習船「えひめ丸」に衝突、沈没させるという事件があった。

原潜の艦長は素直に罪を認め辞職し、最終的には水産高校を訪れ謝罪した。その態度は立派なものだったが、そこに至る経緯が通常と違っていることを指摘した人は少ない。

1988年7月に海上自衛隊の潜水艦「なだしお」と民間の釣り船が浦賀水道で衝突するとい

う事故があった。このときの「なだしお」の艦長は海難審判を経て普通の刑法で裁かれている。ところがグリーンビルの艦長は海難審判を受けず、従って刑法で裁かれることもなかった。この件は米運輸安全委員会で調査された後、全てが米海軍の手で処理されている。日本の遺族やマスコミに査問会議は公開され、その公平なやり方に日本側でも評価は高かった。

しかし、査問会議そのものが既に米海軍の主宰である。米軍では査問会議で刑事責任があったかどうか判定され、それが認められれば軍法会議に送られて、そこで初めて軍刑法に基づいて裁かれる。

この艦長は結局刑事責任は問われず、軍法会議に送られなかった。懲戒処分だけですんだのである。

なだしお事件の艦長とその扱いに雲泥の差があることは誰の目にも明らかだ。その理由は海上自衛隊の艦船は国内法上、軍艦と見なされなかったのに対して、米原潜は紛れもなく軍艦として扱われたからである。

軍法会議と軍事裁判

軍人が軍務上犯した罪に対しては、刑法が適用されず軍刑法で裁かれることは既に述べた。この軍刑法に基づく裁判を軍法会議という。

ところがこの軍法会議（court-martial）と軍事裁判（military trial）との関係が混乱している場合を散見する。軍事裁判とは軍が主宰する裁判という意味だから、幅広く見れば軍法会議もその中に含まれる。しかし軍法会議だけが軍事裁判ではない。

軍法会議では自国の軍人を対象に自国の軍刑法で裁くのだが、それ以外に軍事裁判では、占領地などにおいて他国の軍人や一般の民間人を国際法などに基づいて裁く場合がある。国際法における正規軍人の規定が重要になるのはまさにこの場面であり、ここで正規軍人と判断されれば、捕虜として扱われるが、ゲリラやテロリストと判断されれば死刑もあり得る。

国際軍事裁判もこの延長にある。第二次世界大戦における敗戦国の指導者を裁いたニュールンベルグ裁判や東京裁判（極東国際軍事裁判）は連合国軍が占領地において被占領国の軍人や民間人を裁判に掛けたものである。

ただし「平和と人道に対する罪」で裁かれたのだが、当時国際法ではこうした罪科はなかった。つまり法的基準なしに裁判をしたことになり、今日に至っても国際法上疑義を唱える声は強い。

１９９４年にアフリカのルワンダで大量虐殺が起きたとき、国連に国際犯罪法廷が設置され、旧ユーゴスラビアの大量虐殺問題でも国際戦争犯罪法廷が設置されたが、これらは国際軍事裁判の更に延長線上にあると見なすことも出来る。

3　軍事と政治

軍隊が政府に服従するのは建前上当然であり、その意味では政治と軍事の上下関係は明らかである。ところが実際には、こうした上下関係では割り切れない微妙な関係が存在する。このいわゆる政軍関係は歴史上の事件の随所に顔を出す、いわば永遠の軍事問題であり政治問題だと言っても良い。

たとえば1962年のキューバ危機にもそれを見ることが出来る。このときソ連がキューバにミサイルを配備し、その撤去を求める米国との間で緊張が高まり、核戦争の瀬戸際まで行ったのだが、米ソ両国の軍部ともに政治が妥協的な態度を取ることで軍事上の不利を被るのではないかと恐れ、強硬な政策を進言した。おかげで米ソ両国の指導者は相手の軍事圧力だけでなく自国の軍部の圧力まで受けなければならなかったという。

米国は民主主義をもって鳴る国であり、かたや旧ソ連は共産党が軍隊を完全に支配しているとされる共産党独裁国家だった。この両国にしてこれだから、他は推して知るべしである。

クーデター

政軍関係における最大の事件がクーデターである。クーデター〝coup d'État〟はもともとフランス語で国家的打撃を意味するが、具体的には政府に対して軍隊が反乱を起こすことを指す。本来、軍は政府に服従すべき存在であり、当然あってはならないことである。

ところが、あってはならないことが間々起きるのが世の常であって、現に世界を見渡せば歴史的事件にはクーデターは付き物だと言ってもいいくらいである。

たとえば1999年10月12日にパキスタンでクーデターが起きた。首相官邸を軍が包囲し、当時の首相のシャリフを拘束したのだ。首謀者は陸軍参謀総長のムシャラフで、実はこの日首相から参謀総長の職の解任を申し渡されたのだった。これが引き金となってクーデターに至ったわけだが、このムシャラフが現パキスタン大統領であることは申し添えるまでもない。

この日、軍は首相官邸のみならず主要施設を占拠しているが、それに伴う流血はなかったという。10月15日にはパキスタン全土に非常事態を宣言し、憲法を停止し、国会も休会となり全土に軍政が敷かれるに至った。

こうした動きが民主主義に逆行することは明らかであり、米国始め各国が非難をし、制裁も科せられたが、それほど厳しいものではなく、むしろ推移を見守るという趣が強かった。

パキスタン軍はもともとアフガニスタンのイスラム原理主義勢力を支援しており、厳しい制裁を科することで一層イスラム原理主義に接近することを恐れていたのだ。

そこにはパキスタンは核兵器保有国であるという側面も見逃すことが出来ない。イスラム原理主義勢力に核兵器が渡ることを懸念していたのである。

ムシャラフは2001年6月には形ばかりだったタラル大統領を解任し、陸軍参謀総長のまま、自ら大統領に就任した。2002年4月には国民投票を実施し投票率70％以上、98％の支持を得て5年間の大統領の任期延長を決めた。11月には憲法の復活を宣言し民政復帰を果たしている。

この間、アフガニスタン戦争で米国に協力したこともあって、制裁は解除され経済支援まで受けられるようになったから、クーデターはまさに成功したと言っていいだろう。

戒厳令

ムシャラフがクーデターを起こしたとき、非常事態を宣言し憲法を停止し軍政を敷いているが、これは事実上戒厳令を施行したことに他ならない。

戒厳令（martial law）とは非常の措置として軍が国家の全部又は一部を直接支配する命令を指す。この状況においては議会は休止し、行政府と裁判所は軍の命令を受けることになる。戒厳令はクーデターの際だけに出されるものではない。非常事態宣言の最も厳しい形であり、秩序回復のための国家の最後の手段とも言える。

たとえば1999年9月にインドネシアは当時領有していた東ティモールに戒厳令を布告し

ている。このときは東ティモールで独立の是非を問う住民投票が行われ、独立派が圧勝、併合派がこれに反発し略奪・放火の騒動に発展、これを止めるための措置であった。

また日本ではいわゆる2・26事件の際に布告されている。これは1936年2月26日に起きた有名な事件だ。国政の腐敗に憤った、当時の日本陸軍の青年将校が指揮下の歩兵連隊を率い、政府の閣僚を殺害、クーデターを断行しようとした。これに対して昭和天皇は戒厳令を布告し、クーデターを鎮圧したのである。

III　兵隊の常識

1　軍政と軍令

さきに「パキスタンで軍政が敷かれた」旨を記したが、ここで言う軍政は軍隊が直接、支配に携わること、つまり占領行政を指す。しかし軍政には同じ言葉で別の意味がある。それは軍事行政という意味で、軍の内部の管理を指す。

軍隊で一番偉いのは国防大臣か？

軍は戦争のための組織だが、いつも戦争をしているわけではない。平時には基地や駐屯地にいて、訓練や研究、警備などの仕事にいそしんでいる。当然、基地や駐屯地の管理、人事や物品の管理が必要になる。また実際に戦争になっても、出入りや移動が激しくなるだけでこうした管理が必要であることには変わりがない。つまり軍隊といえども他の行政機関と同様の行政管理が必要なのである。

行政機関の長が大臣であることに鑑みれば、軍政の長も大臣職ということになる。戦前の日本では陸軍大臣、海軍大臣がこれに当たる。現在では大体どこの国でも国防省に統合されて国防大臣が軍政の長に当たっている。

つまり国防省が軍を管理しており、その管理責任者が国防大臣ということになる。それでは軍隊で一番偉いのは国防大臣なのか？

この問いに答えるには少し説明を要する。

作戦指揮権とは？

軍隊は平時には、他の行政官庁と同様の恒常業務に従事しているわけだが、ひとたび戦争となれば、臨機応変に動くことが必要となる。もちろんいかに臨機応変と言っても、各個バラバラに動いていたのでは駄目で、統一された指揮下で行動しなければならない。これを作戦指揮と言い、このための命令を軍令と呼ぶ。軍令上の長が自由に軍隊を動かせるわけだから、軍隊で最上の地位にあることになる。

ところでしばしば軍隊のトップあるいは制服のトップとして紹介されるのは統合参謀本部議長とか参謀総長などである。これは誰しも不思議に思うところだ。

軍隊で一番偉いのは作戦指揮権を持つ人つまり指揮官であり、それは通常、司令官とか総司令官などと呼ばれているのではないか。参謀は指揮官の補佐役だし、参謀本部というのは参謀の集まりである。そこの議長とか総長というのは要するに参謀を束ねている座長に過ぎず、つまり参謀であって指揮官ではない。それがどうして軍のトップなのであろうか？

それはこれらの参謀はもっと偉い人に仕えているからに他ならない。最高の作戦指揮権を持っている人、つまり最高指揮官の補佐を彼らはしているのだ。

最高指揮官

通常、最高指揮官は最高政治権力者と一致する。もしこの両者が別の人物だとするとクーデターが容易に起こせることとなり政治が不安定化するからだ。

最高政治権力者は国によって異なるが、西欧諸国では本来、国王（女王）であった。従って最高指揮権も国王が持っていた。

米国の大統領などはそもそも国王の代わりに設けられた職だから、米国では大統領が最高指揮官である。英国は絶対君主制の国だったが、次第に議会で選出された首相が国王の代理として政治的な実権を握るようになったから、現在では事実上の最高権力者兼、最高指揮官は首相である。しかし「女王陛下の軍隊」としばしば呼ばれるように、形式上は女王（国王）が最高指揮官である。

こうした例を見ると明らかなように、最高指揮官は軍隊に帰属した人物ではなく国家上の最高権力者なのである。つまり軍は軍以上の存在すなわち国家に忠誠を誓っているわけだ。

命令を発するのはこれら最高指揮官なのだが、彼らは軍に帰属していない。統合参謀本部議長とか参謀総長等は最高指揮官の参謀だが、軍に帰属している。従って軍の中では最高指揮権に最も近いが故に最も偉いのである。

日本の旧軍は

軍政と軍令については、以上述べたことはあくまで一般論であって実情は各国によって様々である。

日本で軍政と軍令の区別が言われ出したのは明治時代、つまり帝国陸海軍の発展期であった。従って現在の自衛隊と較べると軍政・軍令の区別は整然としている。

旧軍では軍政は陸軍省と海軍省がそれぞれ陸軍と海軍を管轄し、陸軍大臣、海軍大臣がそれぞれの責任者であった。

軍令は陸軍参謀本部、海軍軍令部が担当しており、それぞれの長は陸軍参謀総長、海軍軍令部総長である。最高指揮官は言うまでもなく天皇である。ちなみに天皇の握っていた最高指揮権を統帥権と呼んでいた。

この構造だと軍令が内閣総理大臣を経由することなしに天皇から直接、軍部に伝達されることになる。政治の不当な介入を排除するためにこのような形になったのであるが、一方で政治と軍事戦略との調整が非常に難しくなるという弊害もあった。

各国の現状

現在の英国では軍政は国防大臣が担当し、最高指揮権は女王の名において首相がこれを行使する。女王は名ばかりの存在に見えるが、将兵に与える精神的な影響はただならぬものがある。何年かで交代してしまう首相の名前で命令されるよりも、数百年も続く伝統の称号で命令される方が命を託しやすいのである。

欧州には英国のみならずスペインやデンマークなど立憲君主制の国が数多くあるが、いずれも似たような体制である。

フランスの現在の政治制度は、大統領の下に首相を中心とする内閣が置かれており、首相は議会の承認を必要とする、いわば大統領議院内閣制とも呼ぶべき制度である。軍政は国防大臣が担当するが、軍令は大統領から発せられる。

ロシアも現在、ほぼフランスと同様の政治体制であり、軍政、軍令も同様である。

ドイツやイタリアも大統領議院内閣制だが、フランスやロシアと違い大統領には政治的実権がほとんどない。国の統一を体現する象徴的存在なのである。事実上の最高政治権力者は首相であり、最高指揮官も事実上首相である。

ついでながら言えば大統領議院内閣制は君主制の変化と見ることが出来る。強い権力を持った絶対君主を大統領に置き換えたのが仏ロ型だし、政治的実権を持たない象徴的な君主を大統領に置き換えたのが独伊型である。

米国の場合は大統領だけで首相がいないから、最高指揮官は大統領という点では極めて明瞭である。ところが厄介なのはその指揮系統である。国防長官が国防総省を統括しているので軍政上の長である。国防長官はその下の陸軍、海軍、空軍各長官を通じて軍政を行っている。

それでは国防長官は他国の国防大臣同様に軍令を発することはないのか、と言えばさにあらず。大統領の命令に国防長官は副署することになっており、軍令は国防長官を経由して発令されている。つまり米国防長官は他国の国防大臣と同じではないのである。

これは大統領が最高指揮官であることを否定するものではない。国防長官は英語で〝Secretary of Defense〟であり、このまま直訳すれば国防担当秘書である。つまり国防問題についての大統領お抱えの秘書であり、大統領と一体となって最高指揮権を形成していると考えられているのだ。

中国の最高指揮官

面白いのは中国である。いまだに共産主義体制を取っている中国では、最高権力者が誰であるのか、必ずしも明らかではない。鄧小平などは晩年、政治的な肩書きは何もないのに最高実力者と見なされていた。軍も彼に忠誠を誓っていたようだから最高指揮官だったことになる。

これは、鄧小平が革命第一世代の生き残りであり、文化大革命で一旦失脚しながら不死鳥のように蘇り、改革開放路線で国を立て直したという実績故に、国民からも軍からも信頼されていたからこそである。それにしても何の国家的な役職にも就いていない人物が最高権力者にして最高指揮官というのは、やはり常軌を逸している。

中国において政治上の最高の地位は国家主席である。ところが共産党独裁の国であるから共産党総書記がときには国家主席以上の権力を持つ。それでは共産党総書記が最高権力者なのか。実はそれも定かではないのだが、そうだとしたら党総書記が最高指揮官なのかと言えばこれまたそうではない。

共産党には中央軍事委員会があり、軍を統括している。従って中央軍事委員会主席が事実上、最高指揮官である。つまり最高権力者と最高指揮官が別の人物になる可能性があるわけだ。この場合政軍関係が不安定になることは既に述べた。

現に60年代においては劉少奇が国家主席であり、毛沢東が共産党と軍の主席であったが、こうした状況で文化大革命が起きたのである。

三役兼任で政治的安定を保った江沢民

90年代においては江沢民が国家主席、党総書記、中央軍事委員会主席を兼任して政治的安定を保った。いわば三役兼任制だが、この制度が確立したかどうかはまだ予断を許さない。

２００２年11月に胡錦濤が共産党総書記に就任したが、江沢民は中央軍事委員会主席に留任している。翌年３月に胡錦濤総書記は国家主席に就いた。二〇〇四年九月に江沢民は突如、軍事委主席を辞任、副主席だった胡錦濤が主席に昇格した。ついに三役兼任が実現したわけだが、このプロセスを見ても、中国の政軍関係の複雑さが窺えよう。

胡錦濤が軍をどう掌握するかが今後の焦点となるが、いずれにしても中国では軍の強い支持なくしては政治的安定は得られないのである。

核ミサイルのキーは誰が持つ？

著者が中国に行ったとき、軍の高級幹部に「核弾頭搭載の大陸間弾道ミサイルの発射キーは誰が持っているのか？」と尋ねたことがある。このキーこそ現代における最高指揮権を象徴する持ち物と言っていい。

かつてロシアのエリツィン大統領（当時）はノルウェーの気象観測ロケットを敵のミサイル攻撃と勘違いして、出先で核ミサイルのボタンを押そうとしたと自ら告白した。これでロシアの大統領は核ミサイルのキーを常時持ち歩いていることが判明したのである。

米国では大統領就任式で新大統領が宣誓を終え「神のご加護を」（〝So, help me, God!〟）と言った瞬間にファンファーレが鳴り軍人達は一斉に敬礼する。このとき初めて核のキーが新大統領の管理下に置かれる。

世界を破滅に導きかねないキーはまさに世界的な最高権力者の力の証とも言えるだろう。そこで中国ではこのキーがどう管理されているのか知りたくて、尋ねたのだ。

90年代のことで江沢民が三役を兼任している頃だった。その軍人はやや表情を硬くして「最高指導部です」と答えた。「最高指導者ではないのですか？」と問い直すとやはり「最高指導部です」と同じ答えを繰り返した。筆者はこの段階で江沢民は核のキーを持っていないのではないかと推察したのである。

もし持っていないとすれば、彼の最高指揮官としての地位は御飾り以外の何物でもないことになる。

中国の政治的不安定はしばしば指摘されるところであるが、その問題の本質はほとんど政軍関係にあることは銘記しておいて良い。

指揮官と参謀

ここで指揮官と参謀の役割を整理しておこう。軍隊は命令で動き、特に軍令の伝達される経路を指揮系統という。最高指揮官が発した命令は司令官を経由し更にその配下の部隊の長に伝達される。

ここで言う司令官や部隊の長はそれぞれその部署における指揮官である。つまり命令は常にその配下の指揮官に伝達され、そのまた配下の指揮官に伝達され、を繰り返して最終的に末端の兵士に届くわけだ。

この仕組みを見れば基本的に軍隊には命令を発することと命令を受けることの二つしかあり得ないことになる。つまり指揮官と末端の兵士だけいれば軍隊は成り立つはずである。

ところが実際はさにあらず。ここに指揮官でもなければ兵士でもない参謀が登場するのである。なぜ彼らが必要になるのか。

参謀、幕僚、参謀本部

そもそも、指揮官が配下に命令を伝達すると書いたが、上から命令を受け取った指揮官は、伝言ゲームのように下にそれを伝えればいいわけではない。最高指揮官が発する命令は通常、末端の兵士の一挙手一投足まで指定してはいない。大体、目的と大まかな手段と期日、そして制約事項ぐらいしか記されてはいない。各部署の指揮官は、その命令を実現するためにその配下が具体的にどう行動するかを新たに下に命令するのである。

そのためにはまず具体的な行動を策定しなければならない。この策定作業に参謀が必要となるのである。

こうした参謀は近代以前は余り必要性を痛感されなかった。各級の指揮官はそれぞれ上からの命令に従い、自ら判断し下に命令し行動した。指揮官が部下について知悉しているのは当然のことであり、状況の判断の基準は長年の経験とその指揮官の能力が全てだった。

部下、側近の適切な補佐も当然あったが、その時々に応じてであり、恒久的な制度としての参謀はいなかったのである。

なお参謀を別名、幕僚とも言う。これは戦場において指揮官が幕で仕切った内側で作戦を練ったことに由来する。幕の内側で指揮官に仕える人達をもともと指していたのである。

ところがナポレオン戦争の頃から恒常的な参謀制度の必要性が認識され始める。部隊の規模が大きくなり、武器も銃砲の発達に伴い使用が複雑になり、指揮官が常に適切な判断を下せるとは限らなくなったのである。

ナポレオンは末端の部隊の大砲の数まで正確に諳《そら》んじていたと言われているが、このようなことは天才的な指揮官にのみ可能なことである。しかもそのナポレオンでさえ10万人以上の兵力の使用においては判断を間違えた。

適切な部隊行動を策定するためには、参謀は戦時のときにだけ活動するのでは間に合わない。平時においても有り得べき戦闘状況を想定し、常に配下の部隊の状態を掌握し、日頃から作戦を練っておかなければならない。戦時に幕の中で勤務すればすむ存在ではなくなったのである。普段のこうした努力があればこそ、緊急事態においても、指揮官が何を命令すべきかを適切に進言できるのである。

参謀は各級司令部、各部隊に配置されているが、その中で参謀本部は、軍全体の行動を策定し最高指揮官に進言することを業務とする。

旧軍では陸軍参謀総長、海軍軍令部総長がそれぞれ天皇の参謀であった。戦後は統合化が進み、例えば米国などでは統合参謀本部が大統領の下に置かれており、軍の行動について大統領に適切な進言を行う仕組みとなっている。

2　軍隊と階級

軍隊に階級は付き物である。ところが昨今の日本のように軍事アレルギーが進行すると軍隊の階級さえよく分からなくなってしまう。

ある時、映画館で高校生達が大尉と少佐がどちらが偉いのか分からないらしいのを見て驚いたが、このぐらいの知識もないとなると、単に戦争映画が鑑賞できないどころか、外国の小説も新聞も読めなくなるし更には国際社会で大恥を掻くことにもなりかねない。

軍隊における階級は下から兵卒、下士官、将校の三つに大まかに分類される。この三つが更に細分化され十数段階に区分されるのであるが、まずこの三つの大まかな違いから認識する必要がある。

兵卒とは?

兵卒は単に兵とか、兵士とか兵隊とも呼ばれる。英語では〝soldier〟あるいは〝private〟と言う。ただし兵士とか兵隊とか〝soldier〟は、下士官や将校を含む軍人一般を幅広く指す場合がある。ここではその混同を避けるため兵卒と呼ぶ。

兵卒は大体、高校を卒業したぐらいの年齢で採用される。現場の力仕事が主であるから体力が求められ、従って年齢的に若くないと務まらない。通常、任期制と言って一定期間、たとえば2年とか3年とかの期間を区切って勤務する。

勤務と言っても入隊して数ヶ月は教育、訓練が全てであり皆、同じ宿舎で起居を共にし、軍人としての基本的な動作から銃の操作までを学ぶ。そこから先は現場の部隊に配属されるとか、より専門的な教育を受けるとか様々に分かれる。

入隊したときは、階級は通常、二等兵だ。教育訓練を終えて部隊に配属され見習い期間が終わると一等兵に昇進する。これで一人前の兵隊というわけだ。更にもう数年勤務して上等兵に昇進する。

一任期を終えると除隊するか継続するかの選択がある。除隊すれば社会に復帰する。年齢もまだ若いし軍で技能を身につけているので就職にはそれほど困らないようだ。国によっては就職や進学に有利な恩典を与えてもいる。

除隊か継続かは最終的には軍が決めるが、平時には当人の希望が尊重され、戦時ともなれば軍の意向が最優先となる。

継続すればもう一任期務める。兵卒はたいていこうして任期を重ねていく仕組みとなっている。

下士官とは?

兵卒としての経験を積んでいくとやがて下士官に昇進する。兵卒として入隊してから下士官になるまでの期間は、国により制度によりまちまちだが、3年以上10年未満ぐらいが標準的だ。ただし優秀な若者を試験で選抜し、下士官に短期間で昇進させるような制度もある。

下士官はときに下級将校と混同されている場合があるが、下級将校は将校の中で階級が低いものを指し、両者は全く別である。下士官は士官つまり将校の下で勤務するという意味である。フランス語で〝sous-officier〟と言い、これを文字通り訳すと「士官の下」となる。英語では〝noncommissioned officer〟、直訳すると「正式に任命されていない将校」の意味である。

こうしたことから容易に察せられるように、下士官とは蓄積されてきた経験や技能で兵卒を指導し任務を達成する、いわば現場監督の役割なのである。

下士官の一番下は伍長という。昔の中国などでは5人の兵をひとまとめにしてその長を指定していたらしい。それに由来する名称である。もちろん現代では必ずしも5人をまとめているわけではないが、下士官の基本的な仕事の性格をうまく表現している。

兵卒から伍長に昇進すると、任期がなくなり永続的な勤務となる。従って平時には伍長から上を職業軍人と呼ぶこともある。

伍長で数年の経験を積み技能を磨くと軍曹に昇進する。軍曹は一等軍曹とか二等軍曹などたいていいくつかの段階に分かれている。それぞれ昇進にはやはり数年ずつ要する。

二等軍曹、一等軍曹と昇進するとやがて曹長になる。しかしこの辺になると軍はピラミッドをなしているから昇進が厳しくなる。誰もが曹長になれるわけではない。途中で退役つまり軍隊を辞める者も結構いる。

退役軍人の誇り

途中で退役したからと言って社会的に脱落者として扱われるわけではない。諸外国にはこうした退役軍人はよくいるし、それなりに誇りを持っているのが普通だ。ところが日本人はそれを中途脱落者のように思ってしまうことがよくある。

外国では軍は権威ある存在であり、また国防は国民の基本的な義務と考えられているから退役軍人にもそれなりの敬意が払われる。

軍で得られた資格は社会的に有用なものが多く、従って就職では優遇されるし、在郷軍人会というような軍出身者のOB会も全国ネットワークで存在する。こうした利点を生かして退役後、事業で成功したり、出世したりすることは珍しくない。

また曹長まで昇進しても40歳前後というのが普通だから、その後退役しても一般社会での成功は十分望めるのである。


将校とは？


通常、曹長が下士官の最上位であり、その上は将校である。士官とも言い、英語では〝officer〟である。

将校も上から将官、佐官、尉官の三つに分類され更にそれが九つ以上の階級に分かれる。兵卒や下士官よりも階級の数が多くなるのを不思議に思うかも知れない。組織というのは規模が大きくなればなるほど管理部門が複雑化し役職が多くなってしまう。軍隊も時代が下るに連れ規模が大きくなり、将校の階級が増えてきたのであり、昔はこれほど多くはなかったのである。

ちなみに将校という言葉は昔の中国が発祥だが、将は将官を指し、校はその補佐役の意味だ。つまり「校」一文字で現代における佐官と尉官を併せて指している。

ついでながら言えば、日本では明治以来「士官」という言葉を用いてきて、将校は後から使われるようになったようである。ところが士官というと将官が含まれるというイメージが一般的に薄い。更に自衛隊では兵卒に一等陸士とか二等陸士というように「士」を用いているため、兵卒と勘違いする例もあるので、ここでは「将校」を用いる。

将校の養成

尉官の一番下の階級は通常、少尉である。階級としては曹長の一つ上に当たるわけだから、曹長が昇進して少尉になると言う道筋は当然ある。だがそれでは、兵卒から始まって、一つ一つ階級を昇進して、将校になるのが一般的かと言えば、実はそうではない。

通常、各国には士官養成のための学校を設け、10代後半の優秀な青年を選抜し教育して20代前半に少尉にしてしまうという士官候補生の制度がある。いわば将校を促成栽培するのである。なぜそうするのか。

上級者が下級の仕事に通じているのが望ましいことは言うまでもない。その意味では一つ一つ階級を昇進して現場に通じた曹長を少尉に昇進させるのはいい方法には違いない。

だが将校の階級が更に九つ以上あることを思い出して頂きたい。先にも述べたように管理部門が複雑多様化しているためだ。そこでは管理者としての能力を求められ、現場の微細な知識を必ずしも必要としない。

また将校は部隊の指揮官や参謀として活動する。そこでは部隊単位で作戦を策定し判断しなければならない。これまた現場で兵卒を指導しながら行う活動とはまるで趣が違う。

つまり将校は下士官とは違った知識や技能を必要とする。ところが曹長は長い年月をかけて昇進してなるから、どうしても30代から40代である。そこから将校としての新たな知識と技能をその都度、身に付けるというのは容易ではない。しかもそこには九つ以上の段階が待ち構えているのだ。

結果として、将校としての知識や技能を学校で集中的に教育して将校を養成する仕組みが必要になるのである。

こうした仕組みは下士官から将校を養成する場合にも用いられるが、10代の若者を集めて士官を養成する学校を一般的に士官学校と呼ぶ。

陸軍士官学校と海軍兵学校

旧日本陸軍では、陸軍士官学校があった。ところが海軍では海軍士官学校ではなく海軍兵学校と呼ばれた。もともと明治初期に兵学寮と呼ばれた士官養成施設があったのだが、それに由来する名称である。従って戦前では陸軍は士官学校、海軍は兵学校と呼ぶのが当たり前になっていた。

外国の士官養成校の訳語にもこの原則が適用され、米国のウエストポイントにある陸軍士官養成校は米陸軍士官学校であり、アナポリスにある海軍士官養成校は米海軍兵学校と翻訳された。

米国の士官養成校は〝academy〟であるがウエストポイントであれアナポリスであれ高校を卒業して入学し、卒業時には学士つまり大学卒の資格が与えられる。つまり大学と年齢的にも資格面でも変わるところがない。

そこでこれらを現在の日本人に分かりやすいように陸軍大学、海軍大学と訳す向きがあった。しかしこれは困るのである。というのも米国には他にれっきとした陸軍大学〝Army War College〟、海軍大学〝Naval War College〟が存在するのである。これらは軍関係の幹部のための教育研究機関であるが、適当な訳語がなくなってしまう。

なお米空軍の士官養成校はコロラド・スプリングスにあり、通常、米空軍士官学校と訳されている。

ちなみに日本の旧軍には陸軍、海軍がそれぞれ別々に航空隊を持っており、独立した軍種としての空軍は存在しなかった。従って日本には現在までのところ「空軍士官学校」という名称の学校はないのである。

将校になるには

いずれにしても将校になるには士官学校を卒業するか、普通の大学の卒業生が軍事教育を受けてなるか、下士官から養成されるかの概ね三通りである。

将校の第一歩は少尉である。少尉に任官すると、主に陸軍などでは現場部隊の小隊長と相場が決まっている。一小隊20～40人の指揮官である。数人の下士官が分隊長あるいは班長として小隊長を補佐する。

指揮官と言っても士官学校卒だとまだ20代前半であり下士官の方が年長であることも珍しくない。経験豊かな下士官に適切に補佐されながら指揮官としての技量を身に付けていく姿などはしばしば映画などにも描かれる通りである。

少尉、中尉、大尉とそれぞれ数年ずつ勤務して昇進する。その間、勤務先は現場の小隊長から、司令部の下級参謀そして再び現場指揮官、たとえば中隊長といった具合に指揮官、参謀、指揮官と繰り返して昇進するのが一般的だ。もちろん、研究職や技術専門職、教官に進む場合もある。

高級幹部への道

大尉の上は少佐であり、ここからが佐官である。大尉、少佐、中佐ぐらいが中級幹部と呼ばれ、民間企業における中間管理職によく似た階層である。昇進が次第に厳しくなり単に年次を重ねるだけで昇進するというわけにはもちろんいかない。

当然、退役する将校も結構いる。彼らは、「退役軍人の誇り」の項で説明した退役者と似たような道筋を辿るが、士官学校卒など大学教育を受けている分だけ、国防産業や他の政府関係機関の中間管理職などに転身できる比率は高いようだ。

また軍隊は平時においては教育を重視する。特に中級幹部では軍内部の教育機関、たとえば陸軍大学、海軍大学、空軍大学等の卒業を重視する場合が多い。つまりエリートコースに乗るには、こうした大学の厳しい入学試験に合格し優秀な成績で卒業するのが手っ取り早いのである。

佐官は少佐、中佐、大佐だが、大佐から上、つまり大佐と将官は高級幹部と呼ばれる。大佐で大企業の部長ぐらい、将官は重役クラスぐらいの感じであろうか。

将官は通常、少将、中将、大将であり、言うまでもなく大将が一番偉い。

以上で軍隊の階級を概ね述べたが、これはあくまで旧軍を基に大まかな上下関係を示したに過ぎない。実際には国によりまた陸、海、空等の軍種により色々違った面がある。大体において階級は増える傾向にあり、下士官と少尉の間に准尉という階級があったり、少将の下に准将があったりする。こうした点はその都度確認して貰う他はない。

元帥という称号

軍隊の中で最高の階級は通常、大将なのだが、しばしば元帥という称号を耳にする。これは一口に言えば大将の上ということになる。

だが軍で最高の階級であるはずの大将よりどうして上があるのか？

確かに軍のトップである統合参謀本部議長とか陸軍参謀長などは大体、大将である。トップが大将である以上それより上があるというのも奇妙な話ではある。

旧軍においては実は元帥は階級ではなく、称号であった。陸海軍の大将が天皇の元帥府に列せられると元帥の称号が許された。そこで例えば「元帥、東郷平八郎海軍大将」と頭に元帥を付け階級は大将のままだった。それでも大将より上に見られていたのは間違いなく、一般的には「東郷元帥」と呼称されたのである。

そもそも元帥府とは天皇の直属機関であり、天皇の軍事顧問団と言ってもいい。つまり軍事的な問題について天皇が相談する相談役の集まりである。だがどうして天皇はそうした相談役を必要とするのか。

天皇は最高指揮官として陸軍参謀総長、海軍軍令部総長以下、参謀を持っている。彼らの進言、策定に基づいて作戦を実施するわけだ。だが陸軍参謀本部、海軍軍令部は軍内部の機関であり、その視点は軍事のみに限られる。つまり軍事的に勝利を得るかどうかのみに関心が集中し、その勝利が国家に与える利害得失を論ずることがない。

ここに国家的な視点に立った軍事相談役の必要が生ずることになる。

元帥は国によってはれっきとした階級として置かれているが、その立場は大体どこの国でも、単なる軍事の立場を離れた国家的な見地に立ったものだと言っていい。

軍隊にはなぜ階級が必要か？

ところで軍隊にはなぜ階級があるのだろうか？　かつて中国では文化大革命の嵐が吹き荒れる中、軍隊の階級も差別的で怪しからんと言うわけで廃止されたことがあった。つまり少尉とか大将などの階級がなくなり、小隊長とか司令官などという役職だけになったのである。

役職が明確でありさえすれば、組織は動くはずであるから階級などなくても良さそうだが、中国軍でもその後、階級は復活している。

軍隊において役職以外に階級があるのは、役職に就く資格を前もって指定しておくためである。階級は役職に就く以前に全ての軍人に経験と技能に応じて割り振られている。小隊長には少尉が就くと決めておけば、有資格者は自動的に絞り込まれ人事上の混乱が少なくてすむ。

こうした人事上の配慮は軍以外の一般社会でもあるには違いない。課長の席に着ける候補者は経歴や年次などで大体絞り込まれている。

だが軍の場合は緊急事態において混乱を避けることが最重要である。小隊長が戦死した場合は、その次の階級のものが直ちに小隊長を代行しなければならない。指揮系統が断絶してはならないのである。

たとえば小隊長の少尉が戦死した場合、その次の階級の曹長がたとえ昨日、転勤してきたばかりだとしても、取り敢えず小隊長としての指揮を執らねばならない。以前からその小隊にいる軍曹は、その曹長の命令に服従するのである。そこで「俺の方がこの小隊についてはよく知っているから俺が指揮を執ってもいいはずだ」などと軍曹が考えるようになると小隊内部で権力闘争が始まってしまう。

そうした事態を避けるためには、普段から階級を明示して上下関係を明確にしておかなければならないわけだ。

それでは小隊の中に同じ階級の者が2人以上いた場合はどうなるか。実は着任時に、万一のときの指揮代行の順序が決められており、指揮権を巡る混乱が起こりえないようになっている。

3 軍隊と社会

徴兵制と志願兵制

ここでどうしても徴兵制について触れておかなければならない。現在、世界には軍人の採用に当たって徴兵制の国と志願兵制の国があると言われている。徴兵制とは成年男子が強制的に兵隊にさせられてしまう制度であり、志願兵制は当人の希望によっていると、一般的に認識されているようだ。

こうした認識は間違いではないのだが、そこには様々な誤解が見え隠れする。例えば徴兵制と志願兵制という二つの制度が相対立しているわけではない。

米国では南北戦争で初めて徴兵制が採用され、第一次世界大戦でも採用、第二次世界大戦でも採用されたが戦後もそのまま継続し、1970年代ベトナム戦争の終了で廃止となっている。

1980年代には徴兵登録制と言って、万一のときに直ちに徴兵できるように徴兵対象者を政府が事前登録しておく制度が実施され、現在に至っている。

つまり徴兵制は幾度も廃止と復活を繰り返しているのだが、この間憲法を修正しているわけではない。

そもそも徴兵の規定は米国憲法に明文化されていない。米国は憲法の規定なしに米国民を徴兵していたのである。

これは別段驚くべき事ではない。フランスは１９９０年代まで徴兵制を続けていたが、やはり憲法に徴兵の規定はなかったのである。もちろん憲法に徴兵制が明文化されている国も多い。ドイツ、ロシア、韓国、中国、イタリア等々。この中でイタリアなどは憲法の規定は変えることなく志願兵制に移行している。従って憲法上は徴兵制をいつでも復活できるわけである。

米仏もそもそも徴兵制が憲法ではなく一般法で規定されていた以上、一般法を新たに制定しさえすれば徴兵制はいつでも復活するのである。

こうして見ると志願兵制に移行した国も、徴兵制が廃止されたと言うより停止していると言った方が正確かも知れない。決して徴兵制と志願兵制が対立しているわけではないことがこれでお分かりいただけよう。

国民の義務としての国防

こうした状況が生まれてくる背景には、近代国民国家の思想がある。国民国家とは、封建領主のための国でもなければ君主のための国でもなく、国民のための国家という意味である。

その昔、封建領主とその郎党は自らの国家のために武器を取り、君主や貴族もその国のために武器を取った。しからば国民国家においては国民が自らの国家を守るために武器を取るのは当然の義務と考えられる。

つまり国民国家では国防は納税と同じように国民の義務と考えられており、それは徴兵制、志願兵制に関係がない。

その事は志願という言葉によく表れている。なぜ、志願〝volunteer〟という言葉を用いるのか？　それは義務を果たすために志願したという意味である。単に収入を得るために軍隊に入ったのなら就職であり志願ではない。

もちろん、兵隊になることだけが国防の義務を果たすことではない。国防とは総合防衛であって、経済でも情報でも文化でも防衛に協力することが義務を果たすことになる。従って強制的に兵隊に取ることはしないと言うのが志願兵制の趣旨である。

国防は国民の義務とする考え方は独立国として至極、健全だと言える。なぜなら国家の防衛を暴力団に委ねるならば、その国は暴力団のものであり、もはや国民のものではない。もしそれを外国に委ねるならば、その国はもはや独立国とは言えない。

日米関係の議論で最も空疎に聞こえるのがこの点だ。「日本は米国の属国か」となじり反米自立を主張する。だが独立国であるためには国民が国防の義務を負わねばならない。国防の義務を論ぜずして反米を主張しても空虚なのである。

徴兵制への誤解

徴兵制についても誤解があるようだ。徴兵だからと言って、誰も彼も兵隊に取るわけではない。日本でも徴兵制は実施されていたが、そこには徴兵猶予という措置があった。昭和初期すなわち1925年から1935年ぐらいまでは軍縮期でもあり、諸事情を考慮して徴兵されない場合が多かった。学生まで徴兵するようになったのは太平洋戦争中盤の1943年からである。

米国でも学生は徴兵免除だったし、学生以外でも諸事情で徴兵免除となる例が多かった。また現在の各国では、選択的徴兵制と言って、徴兵対象者の中から当人の希望や技能その他の事情を考慮して徴兵する場合も少なくない。こうなると志願兵制と大差ないことになる。

徴兵制の利点

徴兵制の最大の利点は人件費が安く抑えられることである。兵隊は基地や駐屯地に起居し食事をし、服装は支給される軍服で統一されているわけだから、衣食住はただである。しかも徴兵対象者は主に結婚前の若者であるから、それほど高い給与を払う必要がない。

志願兵制の国でも、給与は一般公務員と較べて抑えめではあるが、意欲を喪失させないためにはどうしても、ある程度の額は払わねばならない。徴兵制であれば全員一律の義務であるから、こうした気遣いをせずにすむ。軍隊は大規模組織であるから、人件費の高騰は国防費を押し上げる重要な問題なのである。

また徴兵制は社会一般の国防意識や公共精神の普及に極めて有効である。日本では国防意識も公共精神も学校で教えることすらしていないが、諸外国の学校では重要な徳目である。しかし単に学校で教えるだけでは意識は徹底しない。徴兵制はこうした精神面の教育の側面がある。そしてこれは具体的には市民防衛、経済防衛、情報防衛、思想防衛、文化防衛に有効に作用するのである。

これと関連することだが、事故や災害時などの緊急対処の訓練としても有効である。日本などでも災害を想定した訓練が行われるようになったが、市民全体が参加した訓練など、なかなか出来るものではない。徴兵制があれば救護法や避難方法、誘導、連絡などを若者にまとめて訓練できるのである。

軍は徴兵制を望まない

以上徴兵制の利点ばかりを並べたが、それではどこの国でも軍部は徴兵制を採用したがっているのだろうか？　志願兵制の国は、国民の抵抗故に軍が望むにもかかわらず、志願兵制なのだろうか？

ここに大きな誤解がある。実は現代においては軍は必ずしも徴兵制を望んではいないのである。

徴兵制は、18世紀末のフランス革命のさなか、革命政府が採用したのが始まりである。19世紀に確立した制度だと言っていいだろう。

徴兵制がこの時期に確立したのには理由がある。それは銃器の発達である。中世においては銃砲は武器の主流になるほど発達していなかった。武器は弓、槍、刀剣、そして馬と鎧等々。これらは仕組みは単純だが、使いこなすにはかなりの鍛錬を必要とする。

江戸時代の日本でも武士の鍛錬すべき武術は実に武芸十八般に及ぶと言われた。庶民がこうした武術に通じ武具を揃えるなどと言うのは不可能であり、必然的に武術を専門とする階層が出現する。武士階級とか騎士階級がそれであり、フランス革命前の欧州では軍人は貴族と傭兵が独占していた。

銃器が発達するにつれ、弓矢や槍は戦場から姿を消し、刀剣も主役ではなくなってくる。こうなると武術に精通せずとも銃の操作にさえ熟達すれば誰でも軍人になれる。こうして徴兵制が可能になったのである。

19世紀には徴兵制は日本を含めて世界各国に普及し、軍事制度の花形となる。しかし新たな武器の発達はこの状況に再び変化をもたらす。

20世紀には飛行機、戦艦、潜水艦、戦車などが戦争の主役となった。これらの武器は操作にも整備にも専門的な技術を必要とし、一時的に徴兵された兵隊では習熟が困難なのである。

現に第一次世界大戦後には欧州では一部の革新的な軍人達が「軍隊の機械化、軍人の職業化」を主張し始める。つまり戦争に勝つには新兵器を大幅に導入する必要があり、そうなると一任期限りの徴兵ではもはや間に合わない。軍人を一生の職業として志願する兵隊が必要なのだ。

徴兵制は非民主的か?

こうした主張をした革新的な軍人の一人が、後にフランスの大統領になったシャルル・ド・ゴールであった。だが何しろフランスは徴兵制の元祖であり、しかも徴兵制自体がフランス革命の神聖な所産である。徴兵制のお陰でフランス共和国が実現したと言ってもいいぐらいである。

日本では徴兵制というと非民主的に捉えられがちだが、フランスではむしろ逆である。王侯貴族や傭兵の独占物だった軍隊を広く一般市民に開放したのが徴兵制だと考えられている。従って軍人を職業化するということは、軍隊を再び一部のエリートの独占物にしかねない危険な試みだと批判されることになる。

フランスは1997年、シラク大統領の決断で徴兵制の停止に踏み切った。思えばシラクは旧ド・ゴール派の出身であり、政権内にも旧ド・ゴール派は多い。軍内部にもド・ゴールの思想的影響は色濃く残っており、この徴兵制停止はド・ゴール主義の現れとも見ることが出来る。「軍隊の機械化」は20世紀前半の斬新な軍事理論だったが、この傾向は現在においても「軍隊のハイテク化」となってそのまま続いていると言ってよい。

徴兵された兵隊は主に歩兵になったものだが、今やその歩兵ですらハイテク機器を扱わなければならない。19世紀には数ヶ月の訓練で兵隊は一人前になった。現在では1年前後を必要とする。先進国の兵役期間は大体1年ぐらいであるから、訓練だけで終わってしまい実任務に就く余裕がない。徴兵制が軍に有り難がられない所以である。

軍属・徴用・徴発・兵站

軍隊で働く人全てが軍人というわけではない。軍隊は最終的には戦闘を遂行することを任務とするが、そこには戦闘に直接従事する人間と間接的に支える役割とが生ずる。

たとえばベトナム戦争では米国はベトナムにおよそ50万人を派遣したが、実際に戦闘に従事していたのは、このうち7万人程度だったと言われる。残りの人達はこの7万人が遺憾なく戦闘できるように支援していたわけである。

戦闘が行われる地域をしばしば前線と呼ぶ。敵と味方の勢力範囲が拮抗して一線をなすためにこう呼ばれるが、この前線をいわば後ろから支援する形の業務を「後方」と呼ぶ。

こうした後方業務などは必ずしも軍人でなくとも出来ることが数多くある。例えば基地や駐屯地を管理したり物資を調達し輸送する。兵員の糧食を賄う。傷病兵を治療、看護する。更には様々な物品の維持、管理、整備など。

こうした業務は戦闘行為よりは、一般社会の通常業務に近い。従って一般市民の技能をそのまま生かすことが出来る。このために軍人とは違った形で軍に採用された人達を軍属と呼ぶ。

こうした後方業務についても特に戦時などには要員が不足することもある。この場合、徴兵と同様に一般国民を義務としてその職務に就かせることを徴用という。徴用された場合、軍属として軍に勤務する場合と国防に関係の深い企業で勤務する場合がある。

物資なども戦時には通常の供給ルートでは間に合わなくなる。この場合、国民に供給の義務を課することを徴発という。ただし必要な代価は支払われる。

外国が戦場になっている場合は現地住民にも徴発が課せられることがある。戦場では代価は通常、現金ではなく軍票で支払われる。住民はこれを軍の会計に持って行き現金に換えるわけである。

なお後方業務は別名「兵站」とも言う。兵站は旧陸軍の用語であるが、英語の〝logistics〟

の訳語に当てられた。ところが米軍のそれは日本陸軍の兵站よりも幅広く支援業務全般を包含していたので、その広義の意味合いを強調するために「後方」という訳語が新たに当てられたのである。

IV　陸軍の常識

1　歩兵が基本

歩兵は陸軍の兵科の一つである。19世紀までの陸軍では歩兵、騎兵、砲兵は三兵と言われ陸軍の戦闘の基本的な兵科であった。

20世紀になり騎兵がなくなり、機甲（戦車）やヘリコプターが登場したが、歩兵の位置付けは変わらない。一人の兵隊が一丁の銃を持ち、己の肉体を駆使して戦うのは戦争の最も根本的な形を示している。最近、対テロなどで活躍している特殊部隊も歩兵を特殊化させたものである。

陸軍の他の兵科や海軍、空軍においても、敵兵が侵入してくれば自ら銃を持って戦わなければならない。従って歩兵としての基本的な訓練は皆受けている。いわば軍人の基本である。更に治安部隊や警察部隊なども同様の訓練を受けており、幅広く武人の基本と言ってもいい。

歩兵小隊

歩兵は一人で銃を持って戦うと言ったが、一人だけで孤立して戦うわけではない。通常2〜3名の組を作る。兵卒だけで作るこんな小さな組織でも上下関係がある。当然、階級が上の者に従うわけだが、同じ階級の場合は通常、その階級への昇任年月日の早いほうが上になる。

大体10名ぐらいで分隊を編成し、分隊長はたいてい、下士官が当たる。分隊が2～4集まって小隊となる。小隊から組の間の組織は分隊だけではない。班とかグループとかを必要に応じて構成する。機に応じて着脱自在なのである。

歩兵の武器

小隊長は前にも述べたように、通常は少尉、小隊の兵員数は20～40名ほどになる。歩兵の持つ銃は小銃あるいはライフルと呼ばれる銃である。旧陸軍では歩兵銃と呼ばれていた。明治38年制定の三八式（サンパチシキ）歩兵銃は有名だ。命中精度がよかったが口径6・5㎜なので威力がやや劣る。

第一次大戦以後は防護が頑強になる傾向があり、威力不足は次第に大きな欠点と見なされるようになった。1947年に旧ソ連軍に採用されたAK47カラシニコフ銃は口径が7・62㎜であり威力が強くなっている。旧共産圏を始め世界各国で現在でも使用されている。

それでは小銃は口径が大きくなる傾向なのかと言えば、そうではない。1960年代に米軍で採用されたM16は口径が5・56㎜、1974年に旧ソ連軍で採用されたAK74は口径が5・45㎜で威力はその分落ちる。

連射が容易になると発射弾数が増え、携行弾数を増やす必要があったためで、弾丸を小型化して弾数を増やしたのである。

自動小銃と機関銃

第二次大戦以後の小銃は大体自動連射が可能になっているので自動小銃とも呼ばれる。つまり引き金を引いているだけで弾丸を自動的に連続して発射することが出来る仕組みである。

一見するとこれは機関銃と同じに見える。だが正確に言うと両者は異なる。機関銃はマシンガンとも言うが19世紀に小銃とは全く別に発達したものである。当時は小銃は連射できないから、その違いは明確だった。

だが自動小銃の時代になってもやはり相違点がある。機関銃には、重機関銃と軽機関銃があるが、いずれにしても小銃より重く大きく威力が強く射程も長い。

歩兵は軽快に動くのが本領だから、機関銃より自動小銃の方が使いやすい。しかし軽快に動く歩兵を後ろから援護するには機関銃は有効なのである。

歩兵小隊の中にも機関銃を専門に扱う機関銃手が何人かいるのが普通である。

迫撃砲、対戦車ロケット弾、携帯対空ミサイル

この他に歩兵小隊には迫撃砲や対戦車ロケット弾、携帯対空ミサイルなどが装備されている

ことが多い。

迫撃砲は通常の砲と異なり四五度以上の角度で撃つ。砲弾を遠距離に飛ばすのではなく、近接した敵を狙うためである。砲弾は鋭い放物線を描いて敵を斜め上空から襲う。敵は直線的に飛んでくる弾丸に対して遮蔽物に身を隠しているから、上からの攻撃には弱いのである。

対戦車ロケット弾は無反動砲とも呼ばれるように、筒からロケット弾を発射するので射手はほとんど反動を感じない。肩掛けで敵の戦車などを狙える。かつては米軍がバズーカ砲と呼んでいた。

この原理を航空機に対して応用したのが携帯対空ミサイル、携SAMと略す。肩掛けで敵航空機に向けて発射すれば、赤外線誘導で命中する仕組みだ。

兵卒や下士官はこうした武器を装備するが、将校は護身用に拳銃を持つだけである。指揮に専念するためである。昔は軍刀を抜いて先陣を切ったものだが、今は軍刀は儀式でしか使わない。

ところで自動小銃をライフルと言い、マシンガンを機関銃と書いたが、これに違和感を感ずる読者がいるに違いない。昔のギャング映画などでギャングが「マシンガン」とか「自動小銃」とかをぶっ放したりしたせいだが、あれは正確に言うと「サブマシンガン」と呼ばれる銃だ。短機関銃と訳されている。

これも全自動連続発射可能、つまり引き金を引きっぱなしにするだけで連続的に弾丸を発射できるが、マシンガンよりも拳銃の延長と言うべき銃である。そこで機関拳銃と翻訳する向きもある。

拳銃よりは大きいが、ライフルよりは銃身が短く、その分携行時に邪魔にならず素早く射撃体勢を取れる。警備などには最適である。

現在、警察や海上保安庁の対テロ部隊などが装備しているＭＰ５などが有名だ。

歩兵中隊

小隊が2〜5集まって中隊を編成する。従って人数は大体１００〜２００人、中隊長は大尉もしくは中尉である。

中隊は陸軍の中で最も使いやすい部隊単位である。と言うのも、小隊は確かにまとまりはいいが、小さすぎて一小隊だけで持続的に戦闘任務を遂行するには適さないのだ。

たとえば一小隊で一体どのくらいの期間、戦闘任務を遂行できるであろうか。数日に渡って独立戦闘を遂行することも不可能ではないが、正直言ってかなりきつい。野営するにしても警備、警戒に人数を取られ十分な休息も望めない。

基本的には一日戦闘して中隊と合流するのが理想的な形である。中隊規模となれば警備、警戒にも余裕あるローテーションが可能だ。つまり中隊は野営に適しているのだ。

ちなみに中隊は英語で〝company〟と言う。会社を指す英語と同じだが、もともとはラテン語で食事を共にする仲間を指す。まさに中隊は戦地で安心して食事の出来る部隊単位なのである。

移動に当たっても、中隊であれば車両数十両の単位ですむ。これはおそらく一どきに車両で移動できる限度であろう。数百両となると、いくつかに分けなければならない。

飛行機なら輸送機数機、船なら輸送船一隻で移動できる。中隊は動かすにも便利なのだ。

歩兵大隊

中隊が2～5集まって大隊を編成する。人数は400～1000人ほど。大隊長は中佐もしくは少佐である。大隊は単なる中隊の寄せ集めではない。指揮部門や管理部門が目に見えて大きくなる。大隊本部が常設され幕僚達が常駐する。

また本部そのものを維持、管理、警備するための中隊すなわち本部中隊が出現する。糧食や弾薬、更には衛生面までを管理したり、装備品の回収、整備まで行うなど管理部門も充実してくる。

中隊が陸軍で最も使いやすいと述べたが、大隊は、その中隊を効率よく使うための組織なのである。

連隊、旅団、師団

中隊が最も使いやすく、大隊がそれを効率よく運用するのであれば、大隊より大きな組織は必要ないように見える。より大きな規模の作戦に当たっても大隊の数を増やしていけばいいはずである。

もしこの世に歩兵しかなく、歩兵同士の対決だけで戦争の勝敗が決まるのであれば、確かにそうであろう。しかし実際は、戦車や大砲やヘリコプターなどがある。敵が遠距離から大砲を撃ち込んでくれば、歩兵だけではどうしようもない。味方も同じ距離の射程のある大砲で撃ち返せれば撃滅できる。つまり砲兵部隊が必要になる。

だが砲兵陣地に敵の戦車が突入すれば砲兵部隊は壊滅する。敵の戦車の速攻に対応できるのは味方の戦車であるから、戦車部隊が必要になる。ヘリコプターについても同様だ。

結局、砲兵、戦車、ヘリなどについても効率よく使用するためには、小隊、中隊、大隊の編成が必要になる。

そこで歩兵大隊、砲兵大隊、戦車大隊、ヘリ大隊などをいかに組み合わせるかが部隊編成の焦点となる。

通常、大隊の上は連隊、その上が旅団、更にその上が師団という。これらは大隊をどう組み合わせるかであり、当然連隊よりは旅団が大きく、旅団よりは師団が大きい。

工兵大隊、輸送・補給大隊、防空大隊など……

一個師団で人員は7000〜2万人程度、師団長は将官である。師団の中には左記の大隊以外にも様々な部隊がある。

陣地を構築したり進撃上の障害を除去したりする工兵大隊。物資の輸送や供給を扱う輸送・補給大隊。敵航空機を撃墜する防空大隊。敵情を視察する偵察大隊。傷病兵の治療に当たる衛生大隊。生物・化学兵器等の攻撃を受けた際に除染を行う化学大隊。兵隊の犯罪を取り締まる憲兵大隊。味方の司令部や各部隊との通信網を確保する通信大隊等々。

歩兵師団、機甲師団

しばしば歩兵師団とか機甲師団というのを聞くが、歩兵だけの師団や戦車だけの師団ではない。歩兵や戦車に重点が置かれている師団という意味であって、具体的には歩兵大隊や戦車大隊の数が多いのである。

しかしそれ以外の部隊も含まれて師団は編成されている。つまり師団は陸軍の戦力が総合的に配備された部隊なのである。

なお常に師団から小隊までそろっているとは限らない。例えば先進国の陸軍では連隊が廃止され、大隊を集めて旅団を作り、旅団を集めて師団を編成する傾向がある。これは指揮の結節点を少なくすることによって迅速な指揮を実現しようとするものである。

このように必要に応じて編成を工夫する。陸軍の場合、人が基本であるから着脱自在の傾向が強いのである。

ちなみに師団の上には軍団とか方面軍とか様々の組織があるが、これは各国で異なる。一般論はないのでその都度確認するしかない。

機械化歩兵とは?

イラク戦争の頃、機械化歩兵師団などという硬質の軍事用語が突然、新聞にも現れて若い人達を困惑させていた。

「機械化歩兵ってロボットのことかな?」

確かに近年、ロボット技術の進展はめざましい。鉄腕アトムの実現か、などとマスコミは夢を謳うが、人間さながらに動くロボットを見て、著者はそら恐ろしくて仕方がない。

将来は介護にも使える技術の開発を目指すのは誠に望ましいことだが、人間を介護するよりも人間を殺傷するロボットの開発の方が遥かに易しいことは誰の目にも明らかだ。

日本以外の各国ではロボット技術の第一の応用先は軍事であると見られており、日本の技術は各国の軍事技術者の注目の的である。

もちろん、機械化歩兵はロボット兵のことではない。幸か不幸か、そこまで技術は進んではいないようだ。

デジタル機械化歩兵と言って、各自が携帯端末と無線機を身に付け、夜間でも見える暗視ゴーグルをかぶり、赤外線照準器付きの銃で狙いを定める、そんな兵隊が現れてきているのは事実だが、米国を始めまだ少数だ。

イラク戦争時のイラク軍にはハムラビ機械化師団などというのがあったが、旧イラク軍がデジタル化していたとも思えない。

実は機械化歩兵というのは、そんな進んだ技術を指しているのではない。21世紀のデジタル社会に生きる若者達から見れば誠に驚愕に堪えないことだろうが、要するに自動車に乗っている歩兵のことだ。

歩兵は本来は文字通りどこへ行くにも歩いていたのだ。19世紀中葉、鉄道が開通するようになると鉄道を利用したが、線路から戦場までは歩く他なかった。自動車は19世紀の末頃登場し20世紀初頭には実用に耐えられるまでになる。第一次世界大戦では戦場まで歩兵を自動車が運んだ。それでも戦場では歩兵はやはり歩いたのである。

第一次大戦後、自動車を戦争に活用する方途が研究され、戦うとき以外は移動は全て自動車に頼る歩兵が考案された。これが機械化歩兵である。旧ソ連軍では自動車化狙撃師団と呼ばれたが、この方が実態を正確に示している。自動車に乗っているのだから歩兵にあらずして狙撃兵というわけだ。

装甲兵員輸送車、装甲歩兵戦闘車

自動車も初期には単なるトラックだったが、次第に兵隊を防護するための装甲が頑丈になっていく。

装甲兵員輸送車（APC）として1950年代に米ソはそれぞれM113、BTR50を開発したが、共に装軌式（キャタピラー）で時速40km以上で走行可能、一分隊規模の人員の輸送が出来る。

なお旧ソ連は1960年代にはBTR60を開発したが、こちらはタイヤ8個の装輪式で時速80kmで走行可能、水上航行も出来る。このAPCの武装を強化し、単なる輸送だけでなく戦闘も可能にしたのが装甲歩兵戦闘車（AIFV）である。

小型の砲塔に機関砲を搭載しており、敵のヘリや装甲車への攻撃が可能であるばかりか、対戦車ロケット弾で戦車への攻撃も出来る。外見はもはや戦車とそれほど変わらない。米国製のM2ブラッドレーやロシア製のBMP3は代表的なものだ。

軍用自動車

軍用自動車といえば、誰でも思い浮かべるのはジープであろう。米国が第二次世界大戦で開発した軍用小型自動車で指揮、偵察、輸送、連絡、戦闘、など幅広い用途に用いられた。四輪駆動で機動力に富むので、どこでも重宝がられ、大戦後は世界各国の軍隊で使用された。いわば軍用自動車の代名詞のような存在であり、その改造型は民間でも人気が高かった。

現在の米軍ではジープは退役し、新たな軍用自動車としてハンヴィーが登場している。ハンヴィーとは、高機動汎用装輪車のことで別名をハマーとも言う。横幅が広く地面に張り付いて昆虫のように動いているという印象の車両で、ニュースや映画でご存じの方も多いだろう。

さて日本の陸上自衛隊は、長くジープを使用していたし、現在はハンヴィーと外見がよく似たトヨタ製の高機動車を使用している。同盟国として類似製品を使っているわけだが、戦前はどうしていたのか、気になるところである。

実は戦前・戦中に使用された軍用小型自動車で有名なものに95式小型乗用車がある。昭和10年（1935）に陸軍で採用された。「くろがね四起」の愛称で親しまれた。四起とは四輪駆動のことで当時は四輪起動と呼んだ。そこから分かるように、既に四輪駆動を採用しており、路外走行など優れた機動力を発揮した。

この当時、現在の自動車メーカーに連なる各自動車会社が軍用自動車の製作に乗り出していた。現在の自動車産業の隆盛の芽はすでにあったのだ。

ドイツでは、フォルクスワーゲンにより軍用型キューベルワーゲンが1940年から生産され、アフリカの砂漠からロシアの極寒地に至るまで幅広い戦場で使用された。

日米独、いずれ負けず劣らぬ性能を誇ったが、生産力には明確な差がある。日本のくろがね四起は10年間に5000台生産された。ドイツのキューベルワーゲンは5年間に約5万台。米国のジープは、4年間に何と65万台である。米軍に物量で負けたというのは、単なる言い訳だけではない。

ちなみにソ連は、第二次大戦中は米軍のジープの供与を受けていたが、戦後、BTR40を開発している。装甲車と言ってもいい設計で、当初は偵察車両だったが、その後幅広く使用されるようになり、ソ連同盟国にも供与された。

2 戦車とは何か？

「今、155ミリメートルの大砲を積んだ戦車がやって来ます」と女子アナがテレビで叫ぶ。

それを見ていた軍事ジャーナリストが怒り出し「バカヤロー！　それは戦車じゃねえ、自走砲だ。それにミリメートルなんて言うな。155ミリ砲で通ってる」。

しかし、もしここで「でもジソーホーと戦車ってどう違うんですか？　キャタピラーで走って砲塔には大きな大砲付けてるのに」と反問されたら結構、説明はやっかいだ。

戦車に似た車両は多い

装甲歩兵戦闘車でも触れたが、砲塔を持ちキャタピラーで動く、一見戦車に似た外見の車両は昨今多い。

「外見が似るということは機能もある程度似ているわけだから、結局戦車と同じなのではないか？」

こんなふうに考えるのも無理はない。現に素人ではなくプロの軍人でもそんな勘違いを仕出かした例がある。

1973年の第四次中東戦争では、シリア軍はソ連製の装甲歩兵戦闘車BMPを戦車と同様に使ったため、大損害を被ったと言われている。BMPは73ミリ砲を装備しているから戦車として使いたくなるのも無理からぬところがあるが、イスラエル軍の機甲部隊の前では砲の射程は短く、装甲も薄いから太刀打ち出来なかったのである。

結局戦車であるかどうかは、戦車としての用途に耐えられるかであり、自走砲との分かれ目もそこにある。

戦車と自走砲

戦車は陸上兵器として有名だが、自走砲となると聞き慣れない方も多いかも知れない。野戦で使用する大砲すなわち野戦砲は、車輪が付いており自動車などに牽引されて移動する。この野戦砲を自力で走行できるようにしたのが自走砲である。

初期の自走砲はキャタピラー付き車両の上に大砲が固定されているだけだった。次第に装甲が強固になり砲塔の中に大砲が収まる形になったのである。

戦車は第一次世界大戦中の1916年にソンム戦線に初めて登場した。第一次大戦では機関銃が本格的に導入されたため歩兵や騎兵による突撃が困難になり、両者とも塹壕と呼ばれる溝を掘り、そこに身を潜めて睨み合いを続けるという状況が延々と続いた。この塹壕を突破するために開発されたのが戦車である。

つまり戦車は障害物を乗り越えて敵陣を突破するのが主眼であり、そのために攻撃力、機動力、防御力のバランスを保たなければならない。

自走砲は大砲に主眼が置かれているから、なるべく威力の大きな射程の長い大砲を積みたい。

つまり車体に比して大きな砲を積もうとする。そのために速度や馬力、装甲は犠牲にするのである。従って自走砲は砲塔が大きく、車体が小さく見えるのが特徴だ。

戦車では現在口径120ミリの砲が主流だが、自走砲では155ミリが主流となっているのもこうした理由による。


重戦車はどこに行ったのか？


戦車には昔は重戦車、中戦車、軽戦車という区分があった。昨今はあまりこうした区分を聞かない。どうして区分がなくなったのかと言えば、実はこれは重戦車がなくなってしまったからなのだ。なぜなくなったのか？

この問いに答えるには、そもそもなぜ、戦車に重、中、軽という区分が生まれたのか、から考えてみなければなるまい。

ソンム戦線に最初に出現した戦車は英国のマークⅠだが、重量が28tあった。フランスもやや遅れて戦車の開発に成功するが、1917年に登場したシュナイダー戦車は重量14・6t、しかし戦果は余りはかばかしいものではなかったという。

だが同年に完成したルノーFT17は重量僅かに7tで、軽快な機動力を生かして成功を収める。大量生産され戦後も世界各国に輸出されるヒット作となった。

いわば重と軽という戦車の二極分化が始まったわけだ。戦中から戦後にかけてこうした戦車の使用法については様々な議論があったようだが、ここではそれには触れない。ただ一般論で言えば、大型が生まれると、その間隙を埋めるべく小型が生まれ、更に両者の間隙を埋めるべく中型が生まれてくる。

結局、第二次世界大戦の頃には重、中、軽の区分はほぼ成立し、戦後もこれが続いた。ただし、この区分に正確な定義があるわけではない。たとえば米国の戦車M26は、大戦中は重戦車として区分されたのに大戦後は中戦車に分類されたそうである。戦車全体が大型化したためだという。

これは区分の基準が絶対的あるいは固定的なものではなく、相対的ないしは便宜的なものであることを示す。つまり戦車の区分とは、それに従って何種類かの大きさの戦車を生産しておけば、戦場で色々な使用が出来て便利であるが故に、設けられている基準なのである。従って状況が変われば この基準も変更になるわけだ。

第二次大戦後の1950年代に米国は重戦車としてM103（重量57t）、中戦車としてM48（47t）、軽戦車としてM41（23t）を装備した。

このうちM41軽戦車は日本を始め各国に輸出されたし、M48中戦車もパットン戦車の愛称で親しまれた名戦車だが、M103重戦車は大きさの割には機動力が乏しく評判が悪かった。結局米国の最後の重戦車となった。

これは米国に限らず各国で指摘されたことだが、技術的条件が変わらない場合、戦車はある重量を超えると急速に使い勝手が悪くなるのである。こうして各国で重戦車は退役に追い込まれ、使い勝手のよい中戦車が大手をふるようになった。

重戦車がない以上、中戦車と呼ぶ必要もなくなり、主力戦車（MBT）と呼ぶのが一般的になっている。

滑腔砲とライフル砲

戦車砲には滑腔砲とライフル砲がある。本来、大砲は鉄砲と同様、球状の砲弾を撃ち出していた。砲弾を遠距離に飛ばすためには容積に較べて空気抵抗を減らせばよい。そのためには球より円筒状の方がよいが、円筒の頭がぶれないで一定方向へ飛んでくれなければならない。

そのための工夫の第一として、砲身の内側に螺旋（ライフル）を切り込むこととしたのである。そうすると砲弾には発射時に回転が加えられる。コマを見れば分かるように回転する円筒は一定の方向を維持するのである。これをライフル砲という。なお小銃をライフルというのも同様の原理を用いているからだ。

だがこの方法だと、飛距離が長くなれば砲弾がぶれて命中精度が悪くなる。そこで回転させずに砲弾に尾翼を付ける方法を1960年代にソ連が開発した。これが滑腔砲である。

ただし滑腔砲は砲弾に尾翼が付いているので横風の影響を受けやすい。どちらが優れているとも一概には言えないが、現在戦車砲の主流となっている120ミリ砲はたいてい、滑腔砲である。

対戦車ロケット弾、地雷、攻撃ヘリ

戦車は陸上戦の花形とも言うべき兵器だがいくつかの弱点がある。一つは敵歩兵の側面からの対戦車ロケット弾等による攻撃である。これに対するのは味方の歩兵であり、そのために歩兵はAPC等に乗って戦車に随伴するのである。

今一つは地雷である。これを除去するのは工兵の役目である。昨今は色々な地雷処理装置が開発されている。

そして三番目は攻撃ヘリコプターである。もともとはベトナム戦争中に米軍がロケット弾等を搭載した地上攻撃用ヘリAH－1Gを投入したのが始まりであり、その後、対戦車ミサイル、機関砲等更に攻撃力を本格化させたAH－1Sコブラに始まるAH－1シリーズが開発されるに至った。

攻撃ヘリは低空でホバリング（空中停止）出来るので山陰などに隠れていて僅かに高度を上

げて攻撃し再び隠れるといった手法が取れる。攻撃される戦車は反撃のいとまがない。結局これに対抗するには歩兵による対空ミサイル攻撃か、さもなくば味方の攻撃ヘリによる敵攻撃ヘリへの攻撃しかない。そこで昨今の陸軍部隊では攻撃ヘリは必需品になりつつある。

攻撃ヘリとしてはコブラの他に米国製のＡＨ－64アパッチ、旧ソ連製のＭｉ24ハインド、ロシア製のＭｉ28ハボックなどが有名だ。

ヘリコプターの効用

ベトナム戦争を描いた映画などを見ると必ずと言っていいほど登場するのがヘリコプターだ。ベトナム戦争は攻撃ヘリのみならずヘリコプター全体の有効性を証明した戦いだったとも言える。

ヘリコプターの活用で脚光を浴びるようになったのが空中機動作戦だ。陸軍の部隊を航空機で戦場に素早く輸送する作戦で、ヘリボーン作戦とか空挺作戦と呼ばれる場合もある。以前はヘリコプターで小規模な部隊を輸送するのをヘリボーン作戦と呼び、大規模な部隊を空軍等の飛行機からパラシュートで降下させるのを空挺作戦と呼んでいた。昨今では空挺作戦でもヘリコプターが活用されるようになってきた。

こうした空中機動作戦専門の部隊も作られるようになってきており、陸軍におけるヘリの役割はいよいよ高まってきている。

V 海軍の常識

1　軍艦とは何か？

海軍の艦艇には艦種がある。空母とか潜水艦とか巡洋艦、駆逐艦などという艦艇の種類のことだ。空母や潜水艦などはイメージで分かるが、巡洋艦と駆逐艦の違いとなると分かりづらい。そもそも艦種とは何なのか？

空母や潜水艦は名称が機能を示している。空母は正式には航空母艦であり、航空機が発着出来る母体となる船であり、潜水艦は文字通り潜水出来る船である。巡洋艦や駆逐艦ももともとは名称が機能を示していたはずだが、現在では特に名称通りの機能を果たしているわけではない。ではこれらの艦種の違いは何なのか？

はっきり言って巡洋艦と駆逐艦の違いは大きさ、正確に言うと排水量の違いだけである。巡洋艦の方が大きく、駆逐艦の方が小さい。ついでに言えばフリゲート艦は駆逐艦より更に小さく、コルベット艦は、そのフリゲート艦よりまた小さい。つまり巡洋艦、駆逐艦、フリゲート艦、コルベット艦という艦種は、単に船を大きい順に並べて分類しているだけなのである。

さて、そうと分かってみれば、何の事はない。巡洋艦とか駆逐艦なんて小難しい名称で呼ばずに、大きい順に一等艦とか二等艦とか呼べば良さそうなものである。

実は海軍にも長い歴史があり、かつてはこう呼んでいたのである。それがなぜ小難しい名称になったのか？　名称の由来は何なのか？　それらを明かして行かないと海軍の仕組みは、なかなか分からないのである。

巡洋艦、水雷艇、駆逐艦、魚雷艇

19世紀初頭の英国海軍の艦艇は大きさの順に六等級に分けられていた。一等級の軍艦は100門以上の大砲を積んでいた。たとえば1805年、トラファルガー海戦におけるネルソン提督乗船の旗艦ヴィクトリー号は104門の大砲、全長68m、幅16m、三本マスト、乗員は850人の木造帆船だった。

二等級で90門以上、三等級で64門以上、といった具合だった。五等級や六等級で砲の数は多くはないが軽量、快速な艦を特にフリゲートと呼んだらしい。

19世紀半ばになると蒸気機関を積んだ、鉄で装甲された軍艦が現れる。当然のことながら木造帆船の等級には分類されず、装甲艦と呼ばれて別格扱いであった。この装甲艦の比較的小さな艦を装甲フリゲートと呼んだ。

この装甲フリゲートが発展して遠洋航海に適した艦を巡洋フリゲートと呼ぶようになる。これが更に発展して19世紀末には巡洋艦に至ったわけである。

一方、大型の装甲艦も砲塔を据え付け、戦力がいよいよ充実して、やはり19世紀末には戦艦と呼ばれるようになる。

ところで19世紀の半ばには魚雷が発明されている。魚雷とはいわば水中を突進する爆弾で、当初、射程が500メートル足らずだったが、魚雷を発射するための専用の小型艦艇すなわち水雷艇が開発されて装甲艦などの大きな脅威となった。

この水雷艇を駆逐、撃破して戦艦や巡洋艦を守る小型艦が開発されて、これが駆逐艦と呼ばれた。ここで注意すべきは、駆逐艦は機能上、水雷艇より大きいが、巡洋艦よりはずっと小さいことである。ところが装甲フリゲートは巡洋艦とフリゲート艦に発展分化したから、駆逐艦が登場してきた頃はフリゲート艦は駆逐艦より大きいのである。

さきに駆逐艦より小さい軍艦をフリゲート艦と紹介したが、フリゲートという名称が本来の位置すなわち帆船時代の小型艦の位置に戻ったのは第二次世界大戦後のことである。

旧日本海軍ではフリゲート艦は海防艦となっているが、やはり一時期、駆逐艦より排水量が大きい艦として分類されている。

従って戦史などで駆逐艦より大きなフリゲート艦が登場するのを見ても驚くには当たらない。

ちなみに水雷艇は駆逐艦の威力の前に存在意義を失い、20世紀初めに姿を消す。魚雷発射の任務は代わって駆逐艦が担うことになる。後に魚雷発射専門の高速小型艇が開発され、特に第2次世界大戦中、米軍のPTボートは日本海軍を大いに悩ませた。

現在も各国海軍で使用されている魚雷艇だが、歴史から姿を消した水雷艇とは形態、性能がまるで違うので、別物と考えた方がいい。

海軍艦艇と軍艦

法律上は海軍艦艇と軍艦は同じに考えられている。両者の間に国内法上も国際法上も権限、扱いに大きな差があるわけではないからだ。

しかし軍事上は違う。軍艦は英語で〝warship〟だが、またの名を〝man-of-war〟と言う。言うなれば戦力の一塊り。つまり軍艦は、海軍艦艇の中である一定の戦力を持つ船を指す。従って海軍艦艇の中でも、戦闘には直接参加しない輸送艦や補給艦は通常、軍艦とは呼ばない。また戦闘艦艇でも魚雷艇や警備艇のような小型艇も軍艦とは呼ばれない。戦力が弱いのだ。

現在の各国海軍では通常、軍艦とは空母、潜水艦と主要水上戦闘艦を指す。そして主要水上戦闘艦の内訳はと言えば、フリゲート艦、駆逐艦、巡洋艦そして戦艦となる。

主要水上戦闘艦の艦種は大きさで決まると述べたが、その大きさに各国共通の基準が明確にあるわけではない。ただ一般的には基準排水量1000t以下はコルベット艦に分類し軍艦には数えない。5000t以下をフリゲート艦、8000t以下を駆逐艦、2万t以下を巡洋艦と呼んでいるようだ。

ところで旧日本海軍では駆逐艦は軍艦に数えられなかった。これは駆逐艦の由来が水雷艇の駆逐にあったことを思い出して貰えればよい。つまり当初、駆逐艦の任務は補助的と見なされ主要な戦闘任務と考えられなかった。そしてその考え方のまま第二次世界大戦に突入したためである。だが現在では世界各国で駆逐艦は立派な軍艦だと考えられている。

2　艦隊決戦の行方

さきに2万t以下を巡洋艦と述べたが、これには諸説ある。3万t以下とする意見もある。巡洋艦の上は戦艦だから、この境界線は事実上、戦艦の定義を決めるわけだが、実のところ余り重要な問題と見なされない。というのも戦艦が現在では海軍戦力としての重要性を失い、世界中から戦艦がほとんど姿を消してしまったからだ。

昨今は戦艦と軍艦の語がしばしば混同されているが、旧日本海軍の伝統に従うなら〝warship〟の訳語は軍艦であり、〝battleship〟の訳語が戦艦である。

第二次大戦までは最強だった「海の城」

戦艦は言うまでもなく第二次大戦までは最強の軍艦であった。分厚い装甲に囲まれ大口径の大砲を込めた巨大な砲塔を備え、天を衝くがごとき鉄のマストが据えられた戦艦は、まさに海の城と呼ぶにふさわしく、世界各国は威信をかけて戦艦づくりに励んだものだった。海軍の艦隊は戦艦を中心に編成され、各国の海軍は海洋の覇権を我が物とするために世界中の海で艦隊同士の決戦を挑んだのである。

日清戦争（1894―1895）で清国（今の中国）の海軍は日本の海軍に敗れ、海洋覇権競争から脱落。日露戦争（1904―1905）ではロシア帝国の海軍も日本に敗れ壊滅。

第一次世界大戦の結果、ドイツ、フランス、イタリアも事実上、海洋覇権競争から脱落した。勝ち残ったのは英国、米国そして日本。第二次世界大戦では、この三国が海洋覇権をかけた決勝戦を戦ったことになる。

艦隊編成を変えた航空技術の発達

ところがここに大きな技術的変化が訪れる。言うまでもなく航空技術の発達である。日本は、それまでの戦艦を中心とした艦隊編成を改め、新たに空母を中心とした艦隊すなわち機動部隊を編成し、緒戦で戦果を挙げる。航空戦力の前に戦艦が無力であることを証明したのである。米国もこれに対抗して機動部隊を編成し、太平洋は空母機動部隊による一大決戦場と化した。

開戦当時、日本が保有していた空母は10隻、米海軍は7隻だったが、うち4隻は大西洋に配備されており、太平洋には僅かに3隻。

しかし空母の威力に気付いた米国は空母の大量生産に取りかかる。最終的に日米双方が戦争に投入した正規空母の数は、日本12隻に対して米国31隻。

日本は空母で勝ち空母で敗れたとも言える。その背景に日米の工業生産力の圧倒的な格差があったことは言うまでもない。

英国は大戦で困憊していたから、結局は日本海軍を機動部隊同士の艦隊決戦で破った米国が世界の海洋の覇者となったわけだ。

第二次大戦が終わり、戦艦の時代が終わり、同時に艦隊決戦の時代も去ったように言われる。しかしこれは正確ではない。戦艦の時代が終わり空母同士で艦隊決戦をしたのだから。

確かに現在、世界各国の海軍で艦隊決戦を作戦として論ずることはほとんどない。これは当たり前のことで、米国の空母機動部隊に挑戦出来る機動部隊を持っている国がないからだ。つまり艦隊決戦が過去の物になったのではなく米国と艦隊決戦しようとする国がないのである。

米空母機動部隊

米海軍は第二次大戦後もこうした空母機動部隊を維持した。冷戦期においては大型空母15隻、現在でも10隻以上を保有している。代表的な空母としてニミッツを見てみると、原子力走行、排水量9万5000t、艦載機74機、乗員約6000人である。

ニミッツは1975年就航だが、同型がそれ以後9隻造られている。この場合、同型艦をニミッツ級と呼ぶ。現在建造中のニミッツ級10番艦ジョージ・H・W・ブッシュで建造費は約50億ドル（約5500億円）と見積もられている。

しかも艦載機もかつてのプロペラ機から最新鋭のハイテク機に様変わりしている。戦闘攻撃機FA18ホーネットは一機5700万ドル（60億円以上）である。

更に空母を護衛するために巡洋艦、駆逐艦、フリゲート艦、小型艦艇が並ぶ。主力兵器はもはや大砲ではなくミサイルだから、ミサイル巡洋艦などと呼ばれる。日本でもしばしば話題になるイージス艦は、飛来する敵のミサイルをいち早く捉え味方に通知し、ミサイルや機関砲で撃破する。また駆逐艦やフリゲート艦は敵潜水艦への警戒、攻撃にも当たる。敵潜水艦や敵艦船への攻撃には攻撃型原子力潜水艦も一役買う。

更にこうした軍艦を支援するための補給艦や給油艦、救難艦、病院船がある。機雷掃海艦も欠かせない。機雷は自らはほとんど動かず、船などが接触すると爆発する。軽易な兵器なので各国海軍が保有しており、敷設されれば空母といえども損害は免れない。除去のための専門艦が必要なのである。

空母機動部隊とは、こうして1、2隻の空母を取り囲む形で、総勢数十隻もの陣容になる。これだけの艦船を取り揃えるというのは、経済的にも技術的にも更には人員的にも並たいていのことではなく、米国の海洋覇権に挑戦する国がおいそれとは現れないのもむべなるかな、と言ったところか。

イージス巡洋艦とイージス駆逐艦

イージス艦とは、米国が開発したイージス・システムと呼ばれる防空能力を有した軍艦を指す。具体的に言うと、同時に多数のミサイルを迎撃出来るのである。

ミサイル時代が到来すると、当然、軍艦もその標的になってしまう。一発のミサイルなら従来型でもどうにか対応出来るが、同時に多数のミサイルが到来すると対応が間に合わなくなる。

そこで考案されたのがイージス・システムであり、多目標を捉えるのに適したフェーズド・アレイ・レーダーと瞬時の判断を可能にする指揮管制コンピュータ・システム、更に情報を迅速に他の味方の軍艦に伝えるデータリンク、そして敵のレーダーに映りにくくするステルス形状などから成る。

従ってイージス艦とは艦種ではなく、イージス・システムを持っている軍艦という意味で性能を示している。だから艦種で分ければ、大きさに従ってイージス巡洋艦とイージス駆逐艦とがある。

米国のイージス駆逐艦アーレイ・バークは満載排水量８４００ｔで、敵機や敵ミサイルを迎撃する対空ミサイルに「スタンダード・ミサイル２」、巡航ミサイル「トマホーク」、対艦ミサイル「ハープーン」、対潜水艦用ロケット魚雷「アスロック」（これは魚雷だが、ロケット推進で敵潜水艦近くまで飛行し、パラシュートで落下してから、魚雷として敵潜水艦に突進する）、３２４ミリ魚雷、１２７ミリ砲１門、20ミリ対空機関砲ＣＩＷＳ（シウス）２門、等々を搭載している。

なおイージス・システムは米軍の考案したものであるから、イージス艦は米国及びその同盟国にしかない。その他の国々も防空能力に配慮した軍艦の建造に努めている。

ロシアが中国などにも輸出している駆逐艦ソブレメンヌイ級などを見ても、フェーズド・アレイ・レーダーは備えているものの指揮管制コンピュータ・システムは不十分と見られ、ステルス形状も十分でないなど、イージス艦に後れを取っている。

参考までにソブレメンヌイ級の概要を記すと満載排水量８０００ｔ、対空ミサイルに「シチル」、対艦ミサイル「モスキート」、対潜水艦用に５３３ミリ魚雷、１３０ミリ砲２門、30ミリ機関砲６連装４門、等々を搭載している。

3　通商破壊戦

艦隊決戦と同様に、かつては有名だったが最近は耳にしない作戦に通商破壊戦がある。敵の海上輸送を妨害して遮断すれば、敵国の経済に大打撃を与え、戦争の継続を困難にすることが出来る。

ドイツのUボート

第一次、第二次、両大戦でいずれもドイツが英国に対して実施した。ドイツの潜水艦（Uボート）が英国やその貿易相手の民間商船を片っ端から魚雷攻撃で撃沈したのだ。

もちろん英国も黙ってやられていたわけではない。駆逐艦を総動員して潜水艦を攻撃した。特に第二次大戦ではソナーと呼ばれる水中探知機が活躍した。ソナーにはパッシヴとアクティヴの2種類がある。

パッシヴ・ソナーはいわば水中聴音機とも言うべきもので、海の中の音をひたすら耳を澄まして聞き、敵潜水艦等のスクリューやエンジンの音を識別する。通常の警戒時に使用される。

アクティヴ・ソナーは、反響しやすい音波をこちらから発信し、その反響を聞き分けて位置を測定する。音響レーダーとか音響探知機とも呼ばれる。これは通常の警戒時に使用すると敵にこちらの所在を教えてしまうことになるので、普段は使用せず、敵潜水艦の所在がある程度明らかになってから、更にその位置を絞り込むのに使用する。

位置が特定されれば爆雷が駆逐艦から投下される。爆雷は設定された深度になると爆発し、敵潜水艦を撃破するわけだ。最近では敵潜水艦を自動追尾する誘導（ホーミング）魚雷に取って代わられつつある。

鈍重だった日本の対応

通商破壊戦をやられたのは英国だけではない。日本も第二次大戦では米国に大いに苦しめられた。日本や英国のような島国は海上輸送を止められると致命傷になるのだ。

米国の潜水艦は日本の商船等を狙い撃ちにしたが、日本の対応は英国と違ってかなり鈍重なものだった。そもそも敵潜水艦を撃破する駆逐艦の絶対数が不足していた。従って商船の護衛に十分な数の駆逐艦を配備出来なかった。

商船どころではない。空母や戦艦を護衛するのもままならなかったのである。駆逐艦の数が少なければ警備が手薄になり、間隙を突かれて駆逐艦そのものが米潜水艦の餌食になる事態も生じた。このあたりに駆逐艦を軍艦として認識しなかったという駆逐艦軽視の付けが回ってきたような気がしてならない。

通商破壊戦そのものに無関心だった日本

もっと興味深いのは、日本は通商破壊戦そのものに無関心であった点だ。というのも単に対策に後れを取っていたばかりでなく、自ら実施することにも消極的だった。

日本海軍には伊号シリーズ、呂号シリーズなどで数多くの潜水艦があった。たとえば伊一七潜水艦は昭和17年（1942）2月に米本土サンタバーバラに接近し同地の油田を砲撃している。

潜水艦の搭載する大砲は小型のものであり、浮上して砲撃するのだが、さほどの被害は与えられなかった。米本土への最初の砲撃だったが、その帰途、2隻の商船を撃沈している。

伊号潜水艦は大型であり、その多くは飛行機まで搭載出来た。小型の水上偵察機だが、改造して少量ながら爆弾も積めるようになっていた。海上に浮上して、カタパルト（射出装置）で発艦させ、帰還に際しては飛行機に装着しているフロート（浮き）で着水して潜水艦に収容される。潜水空母と言ってもいい。

伊二五は同年9月に米国オレゴン州沿岸に接近し、飛行機による爆撃を試みた。米本土への日本の最初で最後の空爆である。この帰途、2隻の貨物船を撃沈している。

こうしてみると、日本は優秀な潜水艦を多数持ちながら、民間商船の撃沈は事のついでといった印象である。米軍側の資料でも日本が通商破壊戦を積極的に行わないのを不思議なこととして指摘しているぐらいなのである。

実は、日本海軍は第一次世界大戦におけるドイツの潜水艦による通商破壊戦について十分研究をしていた。しかし結論として、日本は世界大戦のような長期戦には耐え得ないとして、あくまで艦隊決戦による短期決戦に執心した。

顧みれば日露戦争は、大国ロシアを相手に1年半の期間だった。しかも決着を付けたのは日本海海戦という艦隊決戦であり、日本海軍の歴史的勝利だった。日本海軍はこれを模範にしており、再び艦隊決戦の完全勝利を夢見たのである。

従って潜水艦は戦艦同士の艦隊決戦を補助する役割しか与えられなかった。太平洋戦争後半には、通商破壊戦を積極的に行えるような意見具申もされたが、一旦決まった方針を改めることは出来なかった。

しかし第二次大戦におけるドイツでは早期に艦隊は壊滅していたにもかかわらず、Uボートは英国を悩ませ続けた。日本も結局、東南アジアとの輸送が滞るにつれ、国内経済は傾き東南アジアの戦局も劣勢になった。

日本の商船は第二次大戦で、合計約2400隻撃沈された。総トン数で800万tに上る。

そしてそのうち約六割が敵潜水艦による。いずれにしても通商破壊戦を軽視してはならなかったのである。

シーレーン防衛

１９８０年代になって、日本では海上輸送路の防衛すなわちシーレーン防衛の必要性が声高に叫ばれるようになった。米国ではレーガン政権が成立し、ソ連の脅威があからさまに語られ、日本にも応分の防衛努力が求められるという時代背景ではあったが、シーレーン防衛は割合にすんなりと国民の理解を得たのを筆者は記憶している。

その後、複数の関係筋から聞いたところでは、マスコミ関係、行政レベル、国会レベルでも、かつて通商破壊戦に苦しめられた記憶がまだ濃厚にあったため、合意を得やすかったとのことである。

ただ実際のシーレーン防衛がどのようなものかについては、イメージが混乱していたように思う。

太平洋戦争においては、シーレーン防衛は海上護衛戦と呼ばれていたが、駆逐艦や海防艦と呼ばれる小型艦が商船隊を護衛した。昭和20年にはいると東シナ海や南シナ海は敵の手中に落ち、商船隊は敵飛行機によって撃沈されることが多かった。従って海上護衛戦は航空作戦に敗れた印象が強い。

しかし実際には航空機による商船の撃沈総トン数は260万t、率にして約33%にすぎず、潜水艦の方が圧倒的に多いのである。特に昭和19年以前、敵航空戦力が日本近海に迫らない段階においては、敵潜水艦による撃沈が大半であった。つまり潜水艦の恐ろしさは、一見味方が優勢な海域でさえ通商破壊を敢行出来る点にあるのだ。

本当に可能かという批判が

ところが日本では航空機に敗れたというイメージが強かったため、シーレーン防衛は本当に可能なのか、という批判が生じたのである。

だが80年代におけるソ連は、まだ大型空母を完成させてはおらず、また仮に完成されたとしても米海軍の空母機動部隊に太刀打ち出来るだけの戦力を蓄えるには相当時間がかかるという状況だった。従ってシーレーン防衛における主要な脅威はソ連の潜水艦部隊だったのである。

つまり日本は対潜水艦作戦だけ出来れば良かったのである。そして海上自衛隊はもともと対潜水艦作戦を得意としていた。優秀なフリゲート艦、駆逐艦、潜水艦に恵まれていたからである。

もちろん、日本からマラッカ海峡、インド洋、中東に至るまでのシーレーンを防衛するのは海上自衛隊には出来ない相談だ。しかしソ連の潜水艦がアジア太平洋に進出するには、極東ウラジオストックを拠点とするしかなく、しかもその拠点に対して日本列島は覆いかぶさる位置関係にある。宗谷海峡、津軽海峡、対馬海峡を封鎖すれば、ソ連の潜水艦は進出不可能になってしまう。

平時には封鎖こそ出来ないものの、海峡海底に水中聴音機を仕掛け、ソ連潜水艦の通過を監視していた。

対潜哨戒機P3C、百機体制を目指したのも80年代であった。これは潜水艦の動きを空から監視するための飛行機である。

こうした努力によりソ連の潜水艦の動きが監視されたのは事実である。また万一有事になれば、かなりの公算で海上自衛隊はソ連の潜水艦を撃破出来た。シーレーン防衛は不可能ではなかったのである。

冷戦後の新たな通商破壊戦

米ソ冷戦期、潜水艦といえば原子力潜水艦を指すと言われたぐらいに、原子力潜水艦が活躍したものだった。通常型潜水艦は活躍する場がなかった。しかしこれは米ソ両国の事情によるところが大きい。

米国は米大陸から、ソ連は北極海や極東沿海州から、いずれも太平洋や大西洋に潜水艦を遠洋航海させなければならず、このためには原子力潜水艦が最適であったのだ。

ところが冷戦が終結すると事情が変わってくる。アジア諸国は経済発展を遂げ、それにつれて従来の陸軍中心から海軍力の充実に目を向け始める。

海軍力を付ける最も手っ取り早い方法は潜水艦を手に入れることである。しかもその潜水艦は遠洋航海しなくても良い。

なぜならそれらの国々の面している海は、アジア太平洋の海上交通路つまりシーレーンそのものなのだ。つまりアジア太平洋諸国は通常型潜水艦を手に入れるだけで、通商破壊戦を実行できるわけである。

通常型潜水艦の脅威

原子力潜水艦は、原子炉で発する熱で水を蒸気に変え、その膨張圧力でタービンを回して動力を得る。これに対して通常型潜水艦は、ディーゼル型潜水艦とも呼ばれるが、実はディーゼル・エンジンだけを直接動力に用いているわけではない。

ディーゼル・エンジンは重油などを燃焼させるので、酸素を必要とする。潜水中は酸素の供給は困難なので、ディーゼル・エンジンを回すわけにはいかない。そこで浮上している間にディーゼル・エンジンで発電機を回して蓄電池に電力を蓄え、潜航中は蓄電池で電動モーターを回して動力を得るのである。

もちろんシュノーケルを付けて潜水しながらディーゼル・エンジンを回すことも出来るが、潜航するとシュノーケルが水しぶきをたてて敵に所在を知られてしまう。従って潜航中はどうしても蓄電池に頼らざるを得ない。

原子力潜水艦は原子炉が稼働を続ける限り潜航可能だが、通常型は蓄電池の容量次第であり、具体的に言えば数日間程度の潜航にならざるを得ない。

これが通常型が原潜に劣る理由なのだが、実は通常型の方が優れている点がある。それは騒音が少ない点だ。原潜は蒸気でタービンを回すので騒音が大きいのに対して、通常型は蓄電池でモーターを回すので騒音が小さい。

潜水艦の探知は、まず水中聴音機で調べるので、騒音が小さい通常型は原潜に較べて探知が難しい。そもそも探知出来なければ撃破不能であるから、騒音が小さいというのは、潜水艦として大変な長所なのだ。

ロシアは最新鋭の通常型潜水艦キロ級を90年代後半に中国海軍に、2000年7月にはインド海軍に売却した。キロ級は水上排水量2350t、全長72・6m、最大潜水深度350m、水中速度19ノット、魚雷発射管6門であり、日本の潜水艦と較べても遜色がない。海上自衛隊のゆうしお型で水上基準排水量2200t、全長76m、水中速度20ノットである。

これは日本に隣接する大陸国家が、本来は陸軍中心であるにもかかわらず海洋国家と同等の海軍力を持ちつつあることを示す。

経済発展を遂げるアジア諸国は、目の前を通る経済の大動脈シーレーンの価値を良く知っている。

通商破壊戦は自らの経済発展の息の根を止めかねない暴挙であることも認識しているが、同時にそれが発展途上国よりも先進国に対して遥かに強い打撃になることも認識している。通商破壊戦が可能な海軍を持つとは、先進国に対して強い軍事的圧力を持つことに他ならないのである。

海上封鎖作戦

第二次大戦時ほどの大規模な通商破壊戦はその後、行われていない。それは当たり前のことで、もしあれほど大規模な戦いをやるとなれば、第二次世界大戦を再現することになってしまう。つまり艦隊決戦と同様、米国の海洋覇権に挑戦する覚悟がなければ、行い得ないのだ。

ところで目的上、通商破壊戦と類似している作戦に海上封鎖作戦がある。船舶の航行を阻害することによって相手国の経済に打撃を与えようとするという点で通商破壊戦と目的が同じなのである。

もっとも歴史的な経緯を見ると基本的に、海軍力の優勢な国が相手国の港湾を封鎖する、すなわち海上封鎖作戦を敢行し、これに対して、海軍力の劣勢な国が優勢な敵海軍の間隙を突いて敵の商船を攻撃する、すなわち通商破壊作戦を遂行する、ということが言える。

海上封鎖作戦として特に世界的な影響を与えたものにペルシャ湾の海上封鎖がある。１９８０年から始まったイラン・イラク戦争では、双方とも相手国の石油輸出を阻止するためタンカーを攻撃した。そのため一時は、日本や西欧のタンカーもペルシャ湾の航行が困難になり、米国の海軍が護衛に乗り出す騒動になった。

１９９０年8月、イラクがクウェートに侵攻すると即時撤退を求める国連は対イラク禁輸措置を決定する。米国を中心に19カ国の海軍が参加した海上封鎖である。湾岸戦争後もイラク戦争まで海上封鎖は続いた。

通常の海上封鎖は、戦争当事国が自衛権行使の名目で行う。海軍艦艇が民間船舶を臨検あるいは拿捕する。

国連禁輸措置の場合は、国連決議に基づき、参加国の海軍が民間船舶を検査する。このように法的な側面では違いがあるものの、軍事的な側面から言えば対象国に経済的打撃を与えることを目的とした作戦に変わりはない。

4　上陸作戦

上陸作戦の重要性は改めて説明するまでもないだろう。海上の船舶から陸戦兵力を陸上に移動させる作戦であるが、敵が手をこまねいているわけはない。敵の抵抗や攻撃の中で移動させるところに難しさがある。

上陸用舟艇、強襲揚陸艦

第二次大戦でも、ノルマンディー上陸作戦とか硫黄島上陸作戦など、戦局を大きく左右した上陸作戦は数多い。冷戦後も、ソマリアやハイチなど、米軍の紛争介入の機会が増すに従って上陸作戦の重要性も増している。

陸戦兵を上陸させるという基本に変わりはないが、技術と規模の変化は著しい。帆船時代には武装した水兵をカッターで上陸させていた。

第二次大戦頃になると輸送艦から上陸用舟艇が滑り出してくる。敵の抵抗力を奪うために軍艦や飛行機が攻撃をして援護するようになったから上陸作戦も大掛かりなものになった。

戦後は輸送艦から発達した揚陸艦が登場する。上陸作戦にヘリコプターも活用されるようになったため、揚陸艦はたいていヘリコプター空母を兼ねている。米軍の強襲揚陸艦になると戦闘能力を備えている立派な軍艦である。

たとえばワスプ級（LHD）は満載排水量約4万t、全長257m、対空ミサイルや対空機関砲を装備し、ヘリコプター30機、垂直離着陸可能なジェット攻撃機ハリアーを6機搭載する。

ヘリは兵員を素早く輸送出来るが戦車などの重装備品の輸送には適さない。そのために揚陸艇がある。これは高速の上陸用舟艇であり、たとえばLCAC（エルキャック）などはホバークラフトで時速40ノット（74㎞）で海上ばかりか陸上も走行出来る。揚陸艦の艦尾の扉が開くとこれが飛び出してくるわけだ。

このLCACをワスプ級は3隻収容出来る。

更に上陸用兵員1800名、戦車5両、装甲車25両、自走砲8門、トラック・補給車90台を収容出来る。

日本の発明か？

「アメリカの強襲揚陸艦って言うのはまったく凄いですねえ」などと、うっかり言ったら戦中派の老人から「バッカモン！　あんなものは、日本軍が発明したものだ」と怒鳴られてしまった。

調べてみると昭和9年（1934年）、日本陸軍が神洲丸という特殊船を開発している。排水量8100t、時速20ノットのこの船は船内に2000名の兵士を収容し大型上陸用舟艇29隻、小型上陸用舟艇25隻なども収納し、船尾後部から滑り出るようになっていた。

大型上陸用舟艇は「大発」、小型上陸用舟艇は「小発」と呼ばれ、いずれもエンジンを備え、浜辺に乗り上げると、前面が下に開き戦車や兵員を一気に上陸させた。ヘリコプターは、まだ実用に至っていない時代なので、さすがにないが、戦闘機6機、軽爆撃機6機を搭載し、発艦可能であった。

こうした特殊船を終戦までに10隻建造しており、各地の上陸作戦で活躍した。

これは確かに強襲揚陸艦の原型であり、時期的に見ても日本が最初に開発したのは確かであろう。

水陸両用艦艇

現在の米軍などでは、しばしばこうした艦艇を水陸両用艦艇と呼んでいる。水陸両用とは英語で〝amphibious〟だが日本語で見ると誤解を招きやすい言葉である。と言うのもホバークラフト型の揚陸艇などでも戦車や装甲車両のように陸上を自由に動き回れるわけではない。陸地に這い上がれるといった程度のものだ。

ましてワスプ級の揚陸艦などは揚陸艇や航空機の母艦であって自ら陸に上がれるはずもない。これまでも水陸両用艦と呼ぶのはいかなるわけか？

答えるには少し解説がいる。そもそも上陸作戦には、上陸部隊だけがいればいいのではない。海上部隊やそれを支援する様々な部隊が必要だ。つまり水陸双方の部隊の協力が必要になるので、これらをひっくるめて水陸両用部隊と称している。

従って上陸作戦は、これらの部隊で実施するので、水陸両用作戦と呼ばれる。そして水陸両用作戦で中心的な役割を担う船を水陸両用艦艇と称するわけである。つまり水陸両用作戦用艦艇なのであって、必ずしも水陸両用の性能を持っているわけではない。

海兵隊とは？

米軍の水陸両用作戦に必ずと言っていいほど顔を出すのが海兵隊である。２００４年２月にハイチが内戦になったときも、真っ先に派遣されたのが米海兵隊である。

日本でも沖縄に駐留しているから、馴染みのある部隊なのだが、その位置付けについては正確に認識していない人も多い。海兵隊だから海軍所属だと思っている人もいるが、現在では米海軍所属ではない。

海兵隊とは一口に言えば上陸作戦用の陸戦部隊である。旧日本海軍には海軍陸戦隊があったが、これは水兵を武装させて上陸させたもので、陸戦専門の兵隊がいたわけではない。

英国では、帆船時代に既に海軍内に陸戦用の部隊があって、これを海兵隊と呼んでいた。米国も同様で海兵隊は当初、海軍の所属であったが、後に独立した。

従って現在の米軍は、陸軍、海軍、空軍、海兵隊、そして必要に応じて沿岸警備隊を指揮下に入れるので五軍種となっている。

ただし上陸部隊は海兵隊だけというわけではない。状況如何では陸軍が上陸作戦に参加することはある。そんな場合もたいていは、海兵隊が先陣を切って上陸する。

もちろん、海兵隊は上陸作戦だけに参加するわけではない。湾岸戦争やイラク戦争では受け入れ国に堂々と入国し戦争に参加している。軽快で機動性に優れる海兵隊はどこに派遣するにも便利なのだ。

統合作戦

以上見てきたように上陸作戦では色々な軍種が連携しなければならない。連携と一口に言うが、軍種の違いは複雑で連携は容易ではない。

たとえば米軍の場合、空軍ばかりが航空機を扱うのではない。海軍は空母を持ち海軍航空隊が戦闘機や攻撃機などを運用している。海兵隊は航空機や戦車まで持っている。

こうした四軍種を有効に組み合わせて上陸作戦をより素早くより強力に実施しようとしているわけだ。

一国の軍隊が陸、海、空等々、各軍種の垣根を越えて統合して遂行する作戦を統合作戦という。戦争に当たって各軍種が協力するのは当たり前のことであるが、単なる協力と統合とは異なる。

たとえば陸軍が戦闘時、空軍に敵兵力への爆撃を要請する場合は単なる協力ですむ。陸軍の作戦に空軍が協力しているのだ。

統合の場合は協力や支援を要請するのではなく命令しなくてはならない。つまり指揮官は一人であり指揮系統は一本化される。各軍種にはそれぞれの事情があるから当然主導権争いが生ずる。統合作戦の困難さがここにある。

もともと陸軍は陸上、海軍は海上という具合に各軍種ともそれぞれの持ち場を持っていたから、統合しなければならない場面はかなり限られていた。しかし米軍のように世界中で展開するとなると統合は避けては通れない。

階級の呼称

さて、統合となると単に各軍種の司令官同士が理解し合っているだけでは不十分で、一兵卒に至るまでの連携が必要となる。そこでまず問題になってくるのが階級の呼称だ。海軍とその他の軍種では階級の呼称が異なる。将官は海軍では提督〝admiral〟だが、他では将軍〝general〟。佐官以下は日本語では大体、共通だが、英語などでは異なる。たとえば大佐は海軍ではキャプテン〝captain〟だが、他ではカーネル〝colonel〟。ところが他軍種ではキャプテンは大尉を指す。海軍では大尉はルテナン〝lieutenant〟である。海軍の呼称を改めるという考えもあるのだが、伝統的な呼称ゆえ難しい。たとえばキャプテンは海軍大佐以外に艦長、船長、機長という地位を指すが、これは海軍大佐という階級が艦長という地位から生まれたことを示す。現在でも海軍の艦長はたいてい、大佐か中佐である。つまり階級の呼称が地位に連動しているのだ。

そこで米軍などでは階級の呼称は変えずに階級章を共通化している。たとえば大佐は各軍種共通で鷲のマーク、大尉は二本棒である。

VI 空軍の常識

1　空軍とは何か?

「1941年12月、日本空軍が真珠湾を攻撃し……」

戦史に通じている人なら誰でも、おやっと思う。日本には1945年の大戦終了に至るまで空軍という独立した軍種はなかったからである。

こうした文言は英米の戦史資料の翻訳物などでしばしば目にするのだが、原語〝air force〟を空軍と翻訳したところに問題がある。

air forceの二つの訳語

旧軍では陸軍と海軍にそれぞれ航空隊があり、空軍として独立していなかった。米軍でも事情は同じで、陸軍には〝army airforce〟が、海軍には〝navy airforce〟があった。〝air force〟とはもともとは歩兵部隊とか砲兵部隊などと同じような部隊兵種であり、航空部隊とか航空隊というほどの意味である。

第二次大戦後、米陸軍航空隊〝army airforce〟が陸軍から独立して〝air force〟という一つの軍種となったのである。そこでこれを空軍と翻訳した。ところが米海軍の航空隊はそのまま今も続いている。だから横須賀などに入港してくる米空母の艦載機には〝U.S navy airforce〟と大書してある。これは米海軍航空隊と訳すしかない。

かくて〝air force〟には航空隊と空軍の二つの訳語が生まれたわけだ。従って冒頭の記述は「日本の航空隊が」とすれば適切なのである。

それでは空軍という日本語は戦後、生まれたものなのか？　これはさにあらず。実は「空軍」は戦前からあった。

第一次大戦で航空機の威力に気付いた欧州では英、仏、伊、独などが次々と航空隊を独立した軍種とした。当時の航空先進国フランスでは、その軍隊を〝armée de l'air〟と呼んだ。空の軍隊という意味であり、おそらくこれを「空軍」と翻訳したのが始まりであろうと思われる。

つまり日本に空軍はなかったものの、「空軍」という訳語は使われていたのである。

空軍の役割

さて、現在では空軍は独立した軍種として世界中で幅広く認められている。ところがその本質的な役割は、陸軍航空隊時代から余り変わっていないとも言われる。これは読者には驚きかも知れない。

何しろ航空機の発達、進歩は著しい。20世紀初頭の複葉機と現在の超音速機の違いはどんな素人にでも一目で分かる。それを本質的に違っていないとは、どういう事か？

まず写真を撮ってくること

おそらく陸軍の保守的な幹部なら今でもこう言うだろう。

「空軍の役割はまず第一に写真を撮ってくることだ」

現在の空軍の軍用機には大まかに言って戦闘機、攻撃機、爆撃機、偵察機、輸送機、などがある。この他にも空中警戒機とか空中給油機など様々であるが、その空軍機の中で花形と言えば、何と言っても戦闘機であろう。

ところが軍用機の歴史をひもとけば明らかなように、戦闘機の登場は比較的遅いのである。第一次世界大戦で最初に飛行機が使用されたとき、その役割は上空から状況を視察することすなわち航空偵察だった。

今日、我々は上空からの映像を余りに見慣れているので、その重要性に鈍感になっている。凶悪犯を護送する車両を上空のヘリが同時中継する御時世では無理もない。しかしあのような映像は航空機があって初めて可能なのであって、それ以前には高台や物見櫓で片鱗を拝むのがせいぜいだった。

1815年のワーテルローの戦いでは、ナポレオンは配下のグルーシー将軍に、付近にいるはずの敵プロシャ軍の騎兵隊を見付けて攻撃するように命じたが、グルーシーは見付けられなかった。結局プロシャ騎兵はナポレオンの背後に突然姿を現し突撃して来たので、対応が間に合わずナポレオンは敗れたのである。

たとえ何十万という軍勢が迫っていても同じ地面にいては察知は難しい。しかし航空機があれば一目瞭然だ。

まさにこの理由から第一次大戦では飛行機はまず偵察に用いられたのである。その次が物資の輸送や爆撃である。こうして飛行機を使用して空を自由に飛べることが陸上戦の戦局に有利に働くことが認識されてきた。

つまり、なるべく自軍の飛行機を自由に飛ばせる状態、そして敵の飛行機が自由に飛び回れない状態を作り出すことが戦略上有利だということになる。これを制空権という（航空自衛隊では航空優勢と呼んでいる）。

戦闘機の価値を理解できなかったヒットラー

そして制空権を確保するために敵の航空機撃墜専門の飛行機が登場するに至る。これが戦闘機である。第一次大戦で登場した戦闘機は、布張りの翼上下二枚で胴体を挟んだ格好の複葉機で、今日から見ればまだよちよち歩きといった印象だが、それでも7・7ミリ機銃を備えて敵機の撃墜に励んだ。

やがて何十機という戦闘機が互いに編隊を組み、制空権をかけて大空中戦を演ずるようになる。かくて戦闘機は空軍戦力の中心的存在になったわけである。

だが制空権の意味や戦闘機の価値が当時、直ちに理解されたわけではない。たとえばジェット戦闘機を最初に開発したのは第二次大戦中のドイツであったが、開発されたばかりのジェット戦闘機メッサーシュミットＭｅ２６２を見たヒットラー総統は「こんな優秀な飛行機を戦闘機にしておくのは、もったいない」として爆撃機に改造するように命じたという。

陸軍の伍長出身だったヒットラーは陸軍の兵器の実用性には敏感な判断を示したが、空軍については陸軍の補助という認識の域を出なかった。

2　戦闘機とは？

戦闘機が出現したことにより、陸軍航空隊は、単なる陸戦の支援という副次的な立場から脱し、制空権の確保という独自の戦闘目的を持った軍隊になった。そしてここから空を巡る壮大な戦いが幕を開けることになる。

それは単に戦闘機同士の空中戦だけに留まるものではない。制空権を確保するためには戦闘機が敵戦闘機を撃墜しなければならず、そのためには優秀な戦闘機を開発しなければならなくなり、空の戦いは技術開発競争の様相を見事に呈するのである。

メッサーシュミットとゼロ戦

第二次世界大戦の初頭において世界の脚光を浴びた戦闘機は、ドイツのメッサーシュミットBf109と日本のゼロ戦であった。優秀な戦闘機がいかに戦局を大きく左右するかを認識した各国、とりわけて米国は戦闘機開発を本格化させ、この両機を凌ぐ名戦闘機を次々に開発する。

なかでも有名なのがP51ムスタングである。最高時速704km、航続距離3300kmを誇る同機はプロペラ戦闘機の最高傑作と言ってもいい。現にドイツが開発した初のジェット戦闘機メッサーシュミットMe262を撃墜するという戦果まで挙げたのである。

朝鮮戦争とジェット戦闘機

従って第二次大戦終了後、朝鮮戦争（1950～1953）に至るまで米軍が使用したのも無理からぬものがある。ジェット戦闘機をも凌駕する性能だと見なされていたからだ。だが、さすがの名プロペラ機も朝鮮戦争で中国軍が使用したジェット戦闘機ミグ15には歯が立たなかった。

ミグ15はソ連製だが、もともとはソ連軍が第二次大戦でドイツを占領したときにドイツのジエット戦闘機の設計技術を押収して作り上げたと言われている。つまり元祖はドイツ製。メッサーシュミットの仇をミグが討ったと言うことになろうか。

米国が当時配備していたジェット戦闘機F80でもミグ15には敵わないと見た米国は最新鋭のジェット戦闘機F86セーバーを投入する。完全にジェット戦闘機同士の対決の時代に移ったのである。

朝鮮戦争においてF86は792機のミグ15を撃墜、一方ミグ15は78機のF86を撃墜したと言われている。つまり10対1。数字の上では米国が圧勝しているように見えるが、米軍内部ではこれでようやく対等に渡り合ったという厳しい評価をしている。

膨大な開発費と人件費をかけ大量生産、大量投入を図る米軍としてはこの数字は無条件に勝利とは呼べないのだ。

この後、米国はF86の改良を重ね、ソ連はミグ17、ミグ19を開発するが、ジェット戦闘機の歴史ではこのあたりを第一世代と呼んでいる。速度は音速の〇・九倍～一・二倍程度。音速に近いという意味で亜音速と呼ばれる。

武器は機関銃ないしはやや口径の大きい機関砲。対地攻撃にはロケット弾が用いられる。いわばジェット戦闘機の基本的な型が提示されたわけだ。

超音速、全天候型、誘導ミサイル

１９５０年代後半になると戦闘機は超音速となる。また、それまでは目視飛行が中心であったので、夜間や天候が悪いときには飛行が困難であったのが、レーダーを完備することによりそれが容易になった。これを全天候型という。更に武器には誘導ミサイルが装備された。いわゆる第二世代だが、米国製のＦ１０４、Ｆ１０５、ソ連製のミグ21、フランス製のミラージュⅢ型などがこれに該当する。

１９７１年の第三次インド・パキスタン戦争では、インド軍のミグ21とパキスタン軍のＦ１０４が対決する場面があった。両国共に正確な発表は期待出来ないのだが、Ｆ１０４が数機撃墜されているのは事実のようである。

ただし面白いのは、インド軍のミグ21はパキスタン軍のＦ86に撃墜されたと報告されていることだ。第二世代が第一世代に撃墜されていることになる。速度に優れる第二世代に対して旋回性能で勝る第一世代が有利に戦ったらしいが、新世代が常に強いとは限らないのである。

第三世代は戦闘爆撃機

第三世代は１９６０年代あたりの開発によるもので、単にスピードだけでなく旋回性能なども重視された高機動力を有するに至る。また爆撃能力も兼ね備えるようになり、戦闘爆撃機とも呼ばれる形になる。

米国製のF4ファントム、ソ連製のミグ23、英国製のハリアー、フランス製のシュペール・エタンダールなどが代表的である。

ベトナム戦争では米国はF4ファントムを投入したが、ソ連はベトナムに第二世代のミグ21を供与したため、F4対ミグ21の対決がしばしば見られた。有名なのは1967年1月2日の空中戦だ。

米軍のF4は綿密な作戦の末、7機のミグ21を撃墜し米側の被害をゼロに押さえている。ミグ21は第二世代ではあるが、次々に改良が重ねられたソ連の傑作機であり、慎重に対処しなければならない相手だったという。

フォークランド紛争ではイギリス軍のハリアー戦闘機とアルゼンチン軍の仏製ミラージュⅢ型が対決している。ハリアーは、滑走路なしでもヘリのように離着陸出来る、いわゆる垂直離着陸機として有名で英空母の艦載機だった。速度は亜音速だが、縦横無尽な動きが出来、高性能のミサイルを備えていた。

ミラージュⅢ型は第二世代出身だが、改良を続けられて諸外国に輸出されたフランスのヒット作である。マッハ2以上の超音速を誇るが、対戦の結果はミラージュは12機撃墜されハリアーの被害はゼロである。

ただし、アルゼンチン軍もやられっ放しだったわけではない。やはりフランス製のシュペール・エタンダール機が、英軍の防空網をかいくぐり英駆逐艦シェフィールドに対艦ミサイルを撃ち込み、大破させるという大戦果を挙げて世界中を驚かした。

第四世代型戦闘機

第四世代型戦闘機とは、１９７０年代以降に開発され現在も各国で主力として使われているものを指す。格闘戦能力が向上しているのが特徴で、具体的には推進力が大きく同時に翼面積も大きい。

その結果、高い運動性が得られる。

また搭載電子機器の性能が向上し、一どきに多数の敵機を認識出来る。更にはコンピュータが最適の攻撃方法を指示するまでになる。

米国製のＦ15イーグル、Ｆ16ファルコン、ＦＡ18ホーネット、ソ連（ロシア）製のミグ29、スホーイ27、スホーイ30、欧州製のユーロファイター２０００、フランス製のラファールなどがある。

ソ連を崩壊させた空中戦

この中で特に異彩を放つのはＦ15イーグルであろう。世界最強の戦闘機と呼ばれ、歴史を変えたとも言われる。

その戦いは1982年のレバノン紛争である。イスラエル軍のF15とF16の部隊はレバノン上空でシリア軍のミグ23とミグ21の部隊と3日間に渡り、第二次大戦以来といわれるほどの大規模な空中戦を展開した。結果はシリアの損失が80機以上なのに対してイスラエル側はゼロである。つまり80対0。F15、16の完全勝利である。

あまりの差の開きにソ連は空軍副司令官を長とする専門調査チームをシリアに派遣したという。調査の結論としてコンピュータや電子部品、主にマイクロチップの技術に米ソ間で乗り越えがたい格差があることが確認された。

ソ連は結局、この技術格差を埋めるために国内改革（ペレストロイカ）に乗り出して失敗、崩壊したのである。F15、16がソ連を崩壊させたとも言える。

実はF16は、F15イーグルが余りに高価なので、安上がりに作り替えたF15の縮小版である。またソ連のスホーイ27もF15の影響を強く受けている。分かりやすく言えば設計をまねたのだ。

スホーイ30はスホーイ27をロシアが輸出促進用に改造したもので、両機とも中国に輸出されているのは周知のことだ。F15の影響が世界的なものであることが窺えよう。

湾岸戦争とイラク空軍

F15は湾岸戦争では同世代のミグ29と対決している。1991年1月17日すなわち開戦初日には3機、2日後の19日に2機、合計5機のミグ29をF15は撃墜している。イラク空軍はこの他にミグ25、ミグ23など30機を空中戦で撃墜されているが、そのうち20機はF15による。

空軍力では到底太刀打ち出来ないと悟ったイラクは、空軍機を隣国イランに避難させるという挙に出た。イランが返してくれるという保証は何もなかったのだから、怖じ気付いて逃げ出したと言った方が正確だろう。

一方、F15の空中戦での損失はゼロである。F15は同世代を含めて最強の戦闘機であることを証明したのである。

日本のF15、北朝鮮のミグ29

この戦果は実は日本にも深い関わりがある。F15は言うまでもなく日本の現在の主力戦闘機でもある。北朝鮮には現在40機以上のミグ29が配備されている。中国がF15のコピーやその改良型を熱心に導入している事はすでに述べた。

両国の政治指導者が日本に侵攻する意図を持っているかどうかは定かではない。しかし、いやしくも空軍軍人であるならば、隣国の最強といわれる戦闘機との対決の日が来ることを期して、機体の改良や戦術の工夫に励むのは当然のことなのだ。

その彼らが、この戦果をどう評価しているのか、乗り越えられないと見ているのか、いずれは乗り越えられると見ているのかは、我々にとっても大いに気になるところである。

第五世代型戦闘機

既に第五世代型戦闘機の実用化は始まっている。米国製のF22ラプターは敵のレーダーに極めて映りにくい形状すなわちステルス性が抜群である。また従来の戦闘機は超音速といっても極めて短時間しか超音速を出せないのに対して、F22は長時間超音速で巡航可能だ。

また米軍はF35の正式採用を決めている。F22がF15の後継なのに対して、こちらはF16の後継である。やはりF22を縮小したような形で、今後大量生産が見込まれている。

今後も第五世代型が次々に開発されていくだろうが、それがどんな形になるのかは予断を許さない。ここまで世代別に整理して説明してきたが、実際はこれほど単純に割り切れているわけではない。「これこそは最新鋭の戦闘機」と大いに謳われながら、結局は早期引退に至った戦闘機や、逆に旧世代でありながら、いつまでも重宝がられる戦闘機は枚挙にいとまがない。

機関砲

初期の戦闘機が7・7ミリ機銃を装備していたことは先に述べたが、第二次大戦頃になると12・7ミリ機銃が主流となる。しかもすでにゼロ戦は20ミリ機関砲、メッサーシュミットBf109の後期型は30ミリ機関砲を装備しており、大口径化の傾向があるのは確かであった。ただし機関銃は口径が大きくなれば威力は増すが、一方単位時間当たりの発射弾数が少なくなる。空中戦では発射弾数が多いほど命中数も多くなるから、一概に口径が大きければいいというわけではない。

第一世代のF86セーバーは12・7ミリ機銃6門を備えており、一方、ミグ15は37ミリ機関砲1門と23ミリ機関砲2門を備えていた。

第二世代のF104になると20ミリ機関砲6門を束ねた20ミリバルカン砲（またの名をガトリング砲）が採用された。これは1分間で6000発の20ミリ弾が発射可能である。すなわち1秒間に100発であり、もし命中すればどんな飛行機でも空中分解してしまうほどの威力である。しかし1分間に6000発と言っても、実際に搭載しているのは数百発であり10秒も連続して射撃することが出来ない。2、3秒ずつに区切って撃っても2、3回撃てば弾切れである。

またミサイルが発達してきた頃でもあり、機関砲なしでミサイルだけという戦闘機も登場した。しかし実戦では、特に近接した空中戦では機関砲が有利という結論が出て、現在に至るまで戦闘機には機関砲が装備されている。

空対空ミサイル

さて空対空ミサイルであるが、原型はロケット弾だと言ってよい。ロケット弾はF86などにも搭載され主に地上攻撃に使われていた。しかし地上の動かない目標は狙えても、敵戦闘機となるとほとんど命中しない。そこで誘導出来るミサイルが開発された。

誘導方式には赤外線誘導とレーダー誘導がある。まず赤外線誘導について説明すると、すべて熱のあるものは赤外線を放射している。ジェットエンジンの噴射口は特に強い赤外線を放射している。従って敵機の発するこの赤外線をミサイルが探知して誘導されるのである。

レーダー誘導とは言うまでもなく、レーダーによって敵機に誘導される方式である。

赤外線誘導では米国製のサイドワインダー、ファルコン、旧ソ連製のアトールが有名だ。なおアトールはサイドワインダーのコピーだとも言われる。

レーダー誘導では米国製にスパロー、旧ソ連製にはレーダー誘導型アトールがある。これらはレーダー誘導の中でもセミ・アクティヴ・レーダー・ホーミングと言って、ミサイルを発射する飛行機のレーダー波が敵機に反射するのをミサイルが感知して接近していくのである。

誘導ミサイルへの戦闘機の対策

こうした誘導ミサイルの仕組みを聞くと、百発百中で戦闘機など生き残れないように思えるかも知れないが、実際にはさにあらず。様々な対策が講じられているのだ。たとえば赤外線誘導ミサイルは、フレアと呼ばれるおとりの燃焼物を放出されると、そちらの赤外線に引き寄せられてしまう。電波誘導ミサイルの場合、チャフと呼ばれる銀紙状の金属の薄片を紙吹雪のようにまき散らすと、レーダー波が撹乱されて追尾不能となる。こうした様々な騙しのテクニックを使って戦闘機は身を守るわけだが、ミサイル制作者も騙されないように感知能力を向上させて対抗する。つまりここにも技術競争が起きているのだ。サイドワインダーもデビューして半世紀近くになるが、何度もモデルチェンジをしているのである。

3　その他の軍用機

戦闘機の第三世代が爆撃機能が充実して戦闘爆撃機化したことは既に述べた。さて、こうなると戦闘爆撃機と攻撃機の区別が一見付きにくくなる。

攻撃機と戦闘爆撃機

攻撃機とは地上の施設や艦艇などの攻撃を主任務とする飛行機を指す。当然、戦闘爆撃機もこうした機能を持つから、優秀な戦闘爆撃機であれば、攻撃機の任務もこなせるわけである。現に米空軍の攻撃機A10サンダーボルトはF16で代替されると決まりかけたこともあった。実際には湾岸戦争で有効性が実証されたため現役を続行されたが。

攻撃機は制空権が確保されていることを前提に攻撃に専念するので、戦闘能力をあまり持たずにすむ。その分だけコストが安くすむ利点がある。一方、戦闘爆撃機は制空権も定かでない敵陣に乗り込んで攻撃できるように設計されている。優秀には違いないが高価になることも否めない。

事実、F16は1機2000万ドル以上するのに対して、A10は1000万ドル以下である。高価な戦闘爆撃機を100機揃えるより、そのうち50機を安価な攻撃機にした方が安上がりなことは明らかだ。こうした理由から攻撃機は今後も存続すると考えられる。

偵察機

軍用機が偵察から始まったことは既に述べたが、第一次大戦後、偵察機も多様な発達を見せる。その中で敵地の奥まで侵入して情報を収集する戦略偵察機が生まれてくる。

第二次大戦で使用された日本の百式司令部偵察機などはその先駆けと言える。双発で高高度を高速で飛べる先進的な設計だった。

第二次大戦後、米国が開発した偵察機U２ほど様々な歴史的エピソードに恵まれた飛行機も珍しい。マッハ０・８と必ずしも最高速度を重視したわけではないが、巡航速度６９２㎞、戦闘上昇限度２万３０００m、航続距離１万２０００㎞、航続時間15時間。１９５５年に開発された機体はソ連の奥地までをも偵察してやろうという意欲的な設計である。

１９６０年5月に、ソ連領奥深くに侵入したU２が撃墜されるという事件が起きた。米ソ冷戦の真っ只中であり、第三次世界大戦の危機を感じさせる事件であった。

１９６２年のキューバ危機でも、キューバに配備されたソ連のミサイルを発見したのはU２だった。

その後、米国が開発した有名な偵察機にSR71がある。高度２万４０００mをマッハ３で飛び、長らく世界最高速の飛行機として勇名をはせていた。１９６４年に開発されたが、偵察衛星の発達に取って代わられ、１９９０年代に引退している。一方低速のU２は、偵察衛星には出来ないゆっくりした小回りの利く偵察が可能なので、未だ現役である。

輸送機

思えば輸送機ほど空軍の中で冷遇されてきた機種も他にないかも知れない。「戦闘機パイロットになりたかったのに……」と嘆く輸送機パイロットに私は何人も会ったことがある。

考えてみれば飛行機による輸送業務は民間では当たり前の仕事である。空軍では人員も物資と同様輸送機で運ぶことが多い。してみれば民間の旅客機も輸送機は兼ねているわけだ。民航の旅客機のパイロットは優遇されるのに、空軍の輸送機のパイロットはなぜ？　と嘆く気持ちは分からないではない。

しかし、こうした嘆き節ももはや過去のものになりつつある。というのも冷戦後、空軍における輸送機の重要性は一気に増大したからである。

冷戦が終わりソ連が崩壊した結果、米国の制空権を脅かす存在は見当たらなくなった。そこで問題になってくるのは紛争地域にいかに速やかに人員や物資を輸送するかである。そこで米空軍は90年代前半、「グローバル・リーチ、グローバル・パワー」という空軍戦略を発表した。要するに世界中のどこにでも一どきに大量に陸軍や海兵隊を輸送して、一気に紛争解決を図るという戦略である。

こうした方向性はその後の趨勢から見て正しかったと言える。ＮＡＴＯはユーゴスラビア紛争やアフガニスタン戦争で大量の輸送機を必要としたし、日本の自衛隊もＰＫＯなどで輸送機の仕事が増大したのである。

イラク復興支援では、自衛隊の車両などの物資はロシアの輸送機で運ばれた。ロシアのアントノフ１２４型輸送機は最大積載量１５０ｔ、航続距離１万６５００㎞。日本にこれだけの輸送機はないのが実情だ。

米空軍の輸送機C5ギャラクシーは最大積載量118t、航続距離1万㎞である。

ちなみに日本が用いている米国製のC130輸送機は、世界各国で使用されている代表的な輸送機だが、最大積載量は19t、航続距離7800㎞である。

空中給油機

かつてゼロ戦の航続距離は3200㎞だった。同時代のメッサーシュミットBf109の航続距離は1090㎞だから、これは驚異的なことだった。驚異の秘密は増漕タンクだ。胴体の下に給油タンクを付けておき、使い終われば空タンクを切り離して内蔵タンクで飛び続ける。このアイデアは世界中に普及し、戦闘機の行動半径は飛躍的に拡大した。

現代では巨大な増漕タンクがそのまま飛行機となって空を飛んでいる。必要に応じて戦闘機と落ち合い、ホースをのばして飛行しながら給油する。お陰で戦闘機は地球の裏側までも飛んで行けるようになった。

早期警戒機と空中警戒管制機

空軍の華である戦闘機も実は戦闘機だけで戦えるわけではない。様々な支援を周りから受けている。空中給油もその一つだが、最たるものは情報の提供だ。

戦闘機自身もレーダーを備えているが当然、小型なもので範囲、性能も限られている。地上や海上のレーダーが得た情報が通信されて初めて敵の攻撃を予期出来る。

しかしながら地球は丸いため、地上や海上のレーダーの範囲は限られる。もし空にレーダーがあればその範囲は格段に広くなる。早期警戒機はまさにそのための空飛ぶレーダー基地である。米国製のE2ホークアイが代表的で、このC型が日本に導入されているE2Cだ。

さて地上のレーダー基地の情報は通常、指揮管制所に集められ、そこから戦闘機に指令される。レーダー基地が空を飛んでいるのだから、指揮管制所も飛ぶのが合理的というわけで、開発されたのがAWACS（エーワックス、空中警戒管制機）である。米国製のE3セントリーが有名。

空飛ぶレーダー基地とか指揮管制所などと言うと優雅に聞こえるかも知れないが、戦争になれば敵が真っ先に撃ち落とそうとするのは、これらの飛行機だ。だからといって後ろに退いては戦闘機が危険にさらされる。その意味で戦闘機より厳しい任務を担っているとも言える。

爆撃機は必要か？

戦闘機が爆撃機能を備え、空中給油のお陰で航続距離を無限に伸ばし、AWACSなどの情報で敵地の奥まで侵入出来るとなると、爆撃機は果たして必要なのか？　という疑問が当然湧く。

爆撃機はすでに触れたように、第一次大戦で戦闘機とほとんどときを同じくして生まれた。第二次大戦頃には軽爆撃機、中爆撃機、重爆撃機というように多様化している。現在から見ると、軽爆撃機の機能は戦闘爆撃機に、中爆撃機は攻撃機に、重爆撃機は戦略爆撃機に、それぞれ引き継がれていると見ることが出来る。それでは戦略爆撃機の現在的意味とは何なのか？

戦略爆撃機とは第二次世界大戦で生まれた米国のＢ17やＢ29を指す。これらの爆撃機の機能はそれまでの重爆撃機を遥かに上回る。単に大型で爆弾搭載量が多いというだけでなく、航続距離が極めて長く高々度を長時間高速で飛行し、敵戦闘機の攻撃に耐えられるような十分な防護機能を備えている。

これらの爆撃機は戦場や敵前線を遥かに飛び越えて敵本土の心臓部に達して戦略爆撃を行う。戦略爆撃とは敵政府中枢や工業地帯などを破壊し、戦争の継続を困難にさせることを目的とする。

冷戦期には米国のＢ52やソ連のツポレフＴｕ95ベアなどは核爆弾まで搭載していた。現在では米国の超音速のＢ１ランサー、ステルス形状のＢ２、旧ソ連時代に開発された超音速のツポレフＴｕ22Ｍバックファイア、Ｂ１のコピーとも言われるツポレフＴｕ１６０ブラックジャックなどがある。

しかし第二次大戦ならいざ知らず、21世紀の現在、大量殺戮を前提とした戦略爆撃など可能なのか？　と疑問を持つ読者も多かろう。しかし実際にはユーゴスラビア紛争、アフガン戦争、イラク戦争でも戦略爆撃機の活躍が見られた。しかも最新型だけでなくB52なども参加している。ロシアでもベアはまだ現役だという。

精密誘導兵器の開発

これは単に爆撃機の発達以上に搭載される兵器に著しい進歩があったためだ。一口に言えば精密誘導兵器の開発である。その好例が巡航ミサイルである。ジェット推進でレーダーとコンピュータを内蔵し地表すれすれを飛行して、標的に5mと違わず命中する米国のトマホークはおなじみだが、ロシアも同様のミサイルを開発しており、これならB52やベアでも敵地に接近出来ればいいわけで、発射機として十分活躍出来る。

爆弾もかつてのような放りっぱなしではなく、尾羽が作動して目標に正確に誘導される仕組みになってきている。誘導方式にはレーザー誘導とGPS誘導がある。レーザー誘導は、目標物にレーザーを照射し、その反射を受けて爆弾が接近して落ちていく。GPS誘導は、自動車のナビなどでお馴染みの位置表示システム（GPS）を用いて設定した地点に落下する。

また地下施設を破壊するために、岩盤やコンクリートを貫徹して、あらかじめ指定した深度で爆発する地中貫徹型爆弾も開発されている。アフガニスタン戦争で使用された米軍のGBU28バンカーバスターは有名だ。

更に爆薬ももはや単なる火薬だけではない。燃料気化爆弾は揮発性の高い燃料類を着弾間際に一瞬で気化させ拡大してから発火して爆発する。地下の軍事施設に使用した場合、効果は想像するに余りある。

こうした爆弾を巧みに使用すれば一般市民を大量殺戮せずに敵の軍事中枢を正確に破壊出来る。爆撃機の有用性もこの辺にあると見てよい。

4　空軍の編成

軍隊の編成は誰にでも分かるように単純に作るのが原則である。上下関係を明確にし、部隊の所属がすぐに分かるように編成するのが常である。陸軍の部隊編成が軍隊の基本になるが、海軍、空軍にもそれぞれの事情があり、それに従って部隊の編成にも違いが生じてくる。

海軍の場合は軍艦を中心に艦隊を編成するので、まだ分かりやすいが、空軍となると歴史がまだ浅いせいもあって万国共通の部隊基準があるわけでもない。聞き慣れない部隊名が登場し、部外者を困惑させることおびただしい。ここでは基本的な考え方だけを説明しよう。

飛行隊

飛行機が戦争に使用されてからすぐに認識されたことであるが、飛行機は優れた戦争能力を持ちうるが、その能力はあくまで一時的で持続性がないのである。

たとえばF15、一機の破壊力は陸軍の一個中隊に匹敵するだろうし、その速力は比較にならない。ところがその戦闘能力はF15一機だけなら数時間と持続しないのである。数時間後にはF15は飛行場に戻り燃料を給油しなければならない。もしその飛行場を敵に占拠されれば燃料切れで墜落するよりないのである。

つまり一機だけでは極めて脆弱なので、何機か集めて飛行隊を編成することになる。これをスコードロン（squadron）とも言う。更にこの飛行機に燃料給油をしたり、整備をしたりする補給隊とか整備隊などの部隊が必要になる。また飛行場自体を管理したり整備したりする管理隊や施設隊も登場する。あるいは飛行場を警備する警備隊や敵機の来襲から飛行場を防衛するための防空隊も必要だ。

こうした隊をいくつか束ねて群という部隊単位を編成する。たとえば飛行隊が二つ以上あれば飛行群となるし、整備隊と補給隊を合わせて整備補給群とか、施設隊、管理隊などを合わせて基地業務群といった具合である。

群という部隊単位は聞き慣れないかも知れないが、英語でgroupと言い、最近では陸軍でも用いられている。ちなみに陸軍での位置付けは師団と中隊の間、つまり大隊や連隊と同等の位置付けで、ただし人数は大隊に及ばないぐらいの規模である。

航空団

空軍においては群がいくつか集まって航空団air wingを編成する。航空団は、その名称から分かるように明らかに陸軍の師団を意識している。

師団が戦力の一つのまとまりであるように、航空団も航空戦力の一つのまとまりである場合が多い。特に戦闘機を中心にした戦闘航空団の場合はそうだ。航空団単位でなければ持続的な戦闘は期待出来ない。

一つの飛行場には最低一つの航空団が陣取っているのが普通だ。人数は数千人規模である。だがいつも同じ飛行場にいると決まっているわけではない。必要に応じてヤドカリのように飛行場を転々とするのである。特に戦争ともなれば航空団ごと、戦地の飛行場に移動することも珍しくない。

ただし航空団が必ず飛行場にいるとは限らない。たとえば配下にレーダー部隊を従えた航空管制団などもある。この場合、レーダー部隊は各地に散らばっており、団司令部だけが一カ所にある。しかも航空管制団だけではほとんど戦闘力はない。だがレーダー情報は航空戦力の要になっているのである。

ロシア、中国の部隊編成

最後に断っておくと、団とか群が世界の空軍で必ずしも共通な単位ではない。ロシアや中国などでは、飛行連隊とか戦闘機師団というように陸軍の部隊単位との共通性を重視した部隊編成をしている。戦闘機師団で120機前後の戦闘機を有する。米空軍の戦闘航空団で36機前後であるからかなりの大所帯である。

中ロ両国とも広大な大陸国家であり、陸軍中心の国家である。航空作戦も陸軍の作戦の一部として考えられる場合が多く、広大無辺な大地に展開する大陸軍を支援すべく空軍の編成も大規模になっている。

VII　現代戦の常識

1　弾道ミサイル

戦略爆撃機の比重が冷戦中期以降低下したのは、先にも触れたように弾道ミサイルの発達による。弾道ミサイルは弾道弾とも呼ばれるが、敵の破壊を目的とした弾頭を装着したロケットで、砲弾に似た軌道つまり放物線を描いて飛んでいくのでこう呼ばれる。

ICBM

弾道ミサイルの中で最も長射程のものを大陸間弾道ミサイル（ICBM）という。大体5500km以上の射程であり、ユーラシア大陸とアメリカ大陸をまたげることから、大陸間と言うわけだ。つまり米国はロシアや中国を狙えるし、ロ中も米国に狙いを定めて互いににらみ合っていることを意味する。

米国のミニットマンⅢ型は射程が1万3000km、米国内に500基以上配備されている。ロシアは射程1万kmのSS25を360基配備している。中国は射程1万1000kmの東風5号（CSS4）を20基配備しており、更に能力の向上した東風31号（CSS9）の配備も始まっている。

1998年8月に北朝鮮が発射したテポドンが日本列島を飛び越えたことは周知だが、その後の調査でアラスカ沖まで弾頭部分が到達していたと言われる。距離にして6000kmであり、北朝鮮がICBMの開発を目指しているのは明らかだ。

まだ米国本土に到達したわけではない事と弾頭重量が数十kgと小さいこともあって、米国も平静を装っている。しかしあと2000km射程を伸ばせば米本土に到達するわけであり、弾頭重量は小さくとも生物化学兵器を搭載すればテロと同等の打撃を米国に与えられる。

もし北朝鮮が順調に開発を進めればそうした能力を持つことは必至であり、米国も北朝鮮問題を見過ごせないのはこの理由による。

弾道ミサイルにはロケット燃料に液体を使うか固形燃料を使うかの2種類がある。液体燃料型は出力の制御がしやすいので初期にはよく用いられた。

しかし強力な酸化剤が含まれているため、燃料をミサイルに容れっぱなしにしておくと、燃料タンクを酸化・腐蝕させて流出してしまう。そのため発射前に燃料を注入しなければならない。注入には数時間を要し、即応性に欠けるし、人工衛星などによる監視で注入の兆候を察知される可能性もある。

従って燃料を容れっぱなしに出来る固形燃料式に移行しつつある。ただし固形燃料式は出力の制御などに高度の技術を必要とする。

固定式と移動式

また弾道ミサイルには固定式と移動式とがある。固定式は地下のサイロにミサイルを保管しておき、地表の扉を開けて発射する。この方式だと事前に敵に位置を察知され攻撃される可能性がある。そこでミサイルを車両に搭載して自由に移動して発射するのが移動式である。

湾岸戦争ではイラク軍の移動式のスカッドミサイルを米軍は探し出して攻撃するのに苦労した。ただし小型ミサイルならまだしもICBMのような大型になると車両なども大型化するし、普段格納しておく地下の格納施設なども巨大化せざるをえない。建設工事も大規模なものとなり、やはり人工衛星などで察知される公算が高くなる。

中距離以下の弾道ミサイル

ICBMは一般的に長距離弾道ミサイルと考えられているから、それより射程の短い弾道ミサイルを中距離弾道ミサイル（IRBM）、更に短い射程のものを短距離弾道ミサイル（SRBM）と分類する。

なおIRBMとSRBMの間に準中距離弾道ミサイル（MRBM）を設定する場合もあるが、ここではIRBMで一括する。

IRBMでは、中国の東風21号（CSS5）が射程1800km、北朝鮮のノドンが射程13

00km、インドのアグニ2が射程2500km、パキスタンのガウリ2が射程2000km、等々。なおパキスタンのガウリ2は、北朝鮮のノドンの改良型コピーと言われる。

短距離弾道ミサイル（SRBM）では中国のM9（CSS6）が射程600km、旧ソ連製で北朝鮮やイラクでも使用されているスカッドが射程300〜500km、インドのプリトビ1は射程150km、パキスタンのシャヒーン1が射程700km、等々。なおシャヒーン1は中国のM9のコピーだと言われる。

テポドンもロシアが持てばICBM

こうして見るとまず気がつくのは、中距離とか短距離といっても、射程にかなりばらつきがある点だろう。つまり中距離や短距離には一応の範囲はあるものの、具体的な距離は当事国の戦略環境に左右される。

射程6000kmの北朝鮮のテポドンはもしロシアが保持すればICBMとして認定される。ロシアから米本土に到達出来る射程だからだ。しかし北朝鮮から米本土には届かない。ゆえにICBMとしてはまだ役不足であろう。

ところが北朝鮮のノドンは中国の東風21号よりも500kmも射程が短いが立派なIRBMである。なぜなら射程1300kmは日本を完全に射程に収めるからだ。ちなみに東風21号の射程

1800㎞も中国東北部から日本を完全に射程に収めている。同様に北朝鮮のスカッドが韓国を射程に収め、中国のM9が台湾を射程に収めている事は言うまでもない。

更に気づくのはいずれもアジア諸国であり、技術提携をしながら熾烈な開発競争にしのぎを削っている点だ。例えばパキスタンの場合、ガウリ2は北朝鮮の技術を導入したため液体燃料を使用しているが、シャヒーン1は中国から導入したので固形燃料である。それだけ短期間に技術が向上したわけだ。

戦略原子力潜水艦

弾道ミサイルを固形燃料型にして、更に移動式にしたとしてもなお、敵に発見され撃破される可能性は残る。しかしこれを原子力潜水艦に搭載すると、発見は極めて難しくなる。原潜はきわめて長期間の潜航が可能である。従っていったん潜水したら最後、飛行機や人工衛星からも察知は難しいのだ。

この潜水艦発射型弾道ミサイルをSLBMと言い、これを搭載している原潜を戦略原子力潜水艦と言う。

米ソ冷戦期には、米ソ両国は共に数十隻もの戦略原潜を保持して睨み合っていた。

いったん潜航すると敵の居場所が分からなくなるので、特に米国はソ連の潜水艦の出口となる海峡に水中聴音機を仕掛け、発見すると米海軍の攻撃型原子力潜水艦がこれをスクリュー音を頼りに尾行した。万一ソ連の戦略原潜が弾道ミサイル攻撃の兆候を示せば魚雷で攻撃して弾道ミサイル発射を阻止する任務だった。

ソ連が崩壊しロシアの原潜の数も激減するに伴い、米海軍の原潜部隊も軍縮されるに至った。しかしロシアも超大型のタイフーン級を始めとする戦略原潜十数隻を保持しており、新型の建造計画もあり、海の下の静かな戦いは終息したわけではない。

また英仏は戦略爆撃機を全廃して核戦力を戦略原潜に一本化したし、中国も戦略原潜開発に乗り出すなど、新たな動きもある。

2　核戦争の可能性

弾道ミサイルの命中精度は通常、CEPで表される。CEPとは半数必中半径とも言う。ある目標を狙って、例えば100発の弾道ミサイルを発射した場合、目標地点に近い順に50発の着弾地点を囲む円の半径である。

また、CEP500mの弾道ミサイルは、その射程内であれば狙った目標の500m以内に発射した弾頭の半数を着弾させることが期待出来る。従ってCEPが小さければ小さいほど命中精度が高いことになる。

北朝鮮のノドンでCEP3000m、中国の東風21号でCEP500mと推定されている。つまりノドンは精度が低い。しかしこれをもってノドンは脅威でないと判断するのは間違いだ。

確かに命中精度が高いほうが軍事目的遂行上都合がいいのは事実だ。米国の巡航ミサイル、トマホークのように敵政府高官の部屋に窓から飛び込んで来るほどになれば、普通の爆薬を詰めた通常弾頭で十分だ。しかし精度が悪くなれば、目標から離れた位置に着弾する公算が大きくなり、それだけ威力の大きい弾頭を装着しなくてはならなくなる。

CEP3000mのノドンが日本の首相執務室を破壊しようとするためには、核弾頭を装着する他はない。技術水準が低ければ、それだけ戦争が野蛮化するのである。

ちなみに米国のICBMミニットマンⅢ型でCEP120m、ロシアのSS25でCEP200mである。

冷戦後の核兵器拡散

ここでどうしても核戦争の可能性について触れておかなくてはならない。米ソ冷戦期には米ソはそれぞれ5万発もの核弾頭を保持して睨み合っていた。

全面核戦争ともなれば米ソ両国のみならず世界人類をも滅ぼしかねない破壊力である。そして両国はその最悪のシナリオを恐れるが故に核兵器を使用しないという暗黙の了解を持った。これが核抑止である。

ところが冷戦が終結すると米ロの核兵器が大幅に軍縮される一方、核兵器の拡散が起きた。インドとパキスタンは核実験に踏み切ったし、北朝鮮やその他の国も核開発に乗り出した。これらの国の核兵器は数量も威力も限られており、使用したとしても世界人類が滅びるどころか、自国民が全滅する規模にも達しない。つまり通常兵器の延長と捉えられるので、核使用に抑制があまり働かなくなっている。

更に悪いことに、先進国が核兵器を恐れるところに目を付けて、一部の独裁国家は核兵器を自国の体制存続の切り札にしようとしている。これは独裁体制が危機に瀕すれば核兵器を使用することを意味する。

小型核兵器の時代

こうした状況に対応するかのように核保有国も核爆弾の小型化に乗り出している。90年代の半ばにフランスと中国は核実験停止を前提として駆け込み的に核実験を行った。これはコンピュータシミュレーションで核実験を代用するためのデータ収集が目的だった。

そしてコンピュータシミュレーションの目的は核爆弾の小型化である。米ロがその後も核爆発を伴わない臨界前核実験を行うのも同様の理由からだ。

核兵器の威力は通常、核爆発の熱量をTNT火薬の重量に換算して表される。広島に投下された原子爆弾はTNT火薬2万t分の熱量を発したとされるから20Kt（キロトン）と表される。このため20Ktの核爆弾を標準型原子爆弾と言うことがある。大体半径3000m以内が壊滅するほどの威力である。

冷戦期は核兵器の威力を巨大化することに精力が注がれ、核融合反応を用いた水素爆弾が開発された。TNT火薬100万tの1Mt（メガトン）の核弾頭もざらだった。つまり広島型の50倍の熱量だ。

だがミサイルの命中精度が上がれば先に述べたように威力は少なくてすむ。またこれから核兵器を秘密裏に持とうとする国も公然と核実験を行えない以上、水素爆弾は無理ということになる。すると必然的に小型核兵器の時代にならざるをえない。

もし、どこかの独裁国家が小型核兵器で攻撃すれば、核保有国はそれと同じ規模の核兵器で報復することになる。また独裁国家の核兵器の使用の兆候が明らかになれば、核保有国が先制攻撃をする可能性もある。この場合も小型核が用いられるはずである。

現に米国は小型核爆弾装着の貫徹型爆弾を開発しているし、ロシアも核兵器使用を前提とした軍事演習を繰り返している。しかも米ロ両国とも核兵器の先制使用や限定使用が可能となるように軍事ドクトリンを改めている。

いずれにしても全面核戦争の危機は去ったものの、核兵器の限定的使用の公算はかえって高まっていると言える。

3　宇宙戦争

ミサイル防衛

冷戦期に著しく発達した兵器にミサイルがある。ミサイル時代とも呼ばれ、飛行機も戦車も百発百中のミサイルの前に存在意義を失うのではないかと危惧されたりもした。

色々な対策が講じられて、今のところ戦車も飛行機も健在だが、ミサイルに取って代わられてしまった兵器もある。たとえば高射砲だ。第二次大戦では来襲する飛行機に高角度の大砲で応戦した。砲弾はある高度に達すると破裂し、飛び散った破片が同高度を飛行する飛行機を傷付ける仕組みだった。

ベトナム戦争では北ベトナムが使用していたし、現在でも地域によっては配備されているようだが、防空の主要な地位から降りたことは間違いない。

地対空ミサイルは飛行機を撃墜するための兵器だが、爆撃機が爆弾を運ぶ代わりに弾道ミサイルが爆弾ごと突っ込んでくるようになれば、飛行機だけなどとは言っていられない。飛来する敵の弾道ミサイルだって撃墜出来る技術を開発しなくてはならなくなる。

　現在ミサイル防衛などと言って、敵の弾道ミサイルを味方のミサイルで迎撃するシステムの開発がこと新しく喧伝されているが、弾道ミサイル迎撃システムの開発はすでに１９６０年代に始まっており、しかもその当時はソ連の方が開発が進んでいた。Ｓ２００などの迎撃ミサイルをソ連は開発し、モスクワなどに配備した。

　米国も開発に乗り出したものの、これが軍拡競争を更に激化させることを懸念して、双方の開発を停止させるべく結んだのがＡＢＭ（弾道弾迎撃ミサイル）制限条約である。いわば迎撃技術に封印をしたのである。

　冷戦後、弾道ミサイルの拡散に伴い各国とも対応を迫られた結果、ＡＢＭ制限条約は事実上廃棄され、ミサイル迎撃技術の封印が解かれたわけだ。

迎撃ミサイル開発競争

　湾岸戦争ではイラクのスカッドを米国製のパトリオット・ミサイルが迎撃を試みた。当初、その鮮やかな迎撃ぶりに世界は圧倒されたが、後で撃墜率がそれほどでもないことが判明して失望を招いた。飛行機撃墜用のミサイルを弾道ミサイル迎撃に転用したのだから無理もない。

　これが切っ掛けとなって、弾道弾迎撃ミサイル開発販売競争が世界規模で展開することになる。ロシアは弾道ミサイル撃墜可能な地対空ミサイルとしてS300Pをパトリオットより性能がよいと宣伝して各国に売り込みを図り、中国がこれを採用した。

米国も負けてはいない。弾道ミサイル撃墜能力を向上させたパトリオットPAC3の生産を本格化させたのである。

しかしPAC3にしろS300Pにしろ、これだけでは所詮、地対空ミサイルに過ぎない。短距離弾道ミサイルなら何とか対応は出来る。

しかし中距離弾道ミサイルとなると飛距離が伸びる分だけ、対処しなければならない範囲が拡がる。しかも到達高度も大気圏外まで達するため、立体次元で範囲が拡がるのである。また到達高度が高いだけ落下速度も速くなり、迎撃は一層困難になる。

これに対処するためには多種多様なレーダーで敵ミサイルの早期発見に努めなければならない。つまり数多くのレーダーと迎撃ミサイルとが連携したシステムが必要となる。

TMDとNMD

こうした要求に応えるべくロシアはS300Vを開発し、インドに売り込み、更にこれを発達させた戦術ミサイル防衛システム「アンチェイ2500」を開発した。一方米国が提案したのは戦域ミサイル防衛システムいわゆるTMDである。

ＴＭＤでは迎撃ミサイルが低空用と高高度用に階層的に分かれており、更にそれぞれ陸上配備用と海上配備用に領域的に分かれている。

具体的には低空・陸上用がパトリオットＰＡＣ３、高高度・陸上用がＴＨＡＡＤ、低空・海上用がスタンダード・ミサイルⅡ、高高度・海上用がスタンダード・ミサイルⅢというように立体的な構造になっている。そして陸・海・空軍のレーダーが連携して敵弾道ミサイルの早期発見、軌道確認、撃破に努める。

ＴＭＤは日本などに共同開発が提案されていたが、いわゆる中距離弾道ミサイルを迎撃するためのものである。日本に対する差し迫った中距離弾道ミサイルの脅威とは言わずと知れた北朝鮮のノドンであるが、中長期的には中国の東風21号なども対象となっていると考えてもいいだろう。

更に米国はＩＣＢＭ迎撃システムＮＭＤにも乗り出している。ＴＭＤが同盟国や海外の米軍を守るのに対して、これは米本土を守るものだから米本土ミサイル防衛システムとも呼ばれる。ＴＭＤが拡大して更に、人工衛星による監視やレーザー光線による敵弾道ミサイルの破壊までを含む壮大なシステムである。

米国は当初、ＴＭＤとＮＭＤを分けて提案・開発していたが、最近では両者を一体化させてＭＤ（ミサイル防衛）としている。

ミサイルをめぐる攻防

ロシアは米国のこうしたMD開発には反対の姿勢を示している。表面的には米ロ間の相互核抑止体制の崩壊の危険性を反対の理由としている。しかし実はロシアはかつては宇宙開発で米国と覇を競っていたが、昨今は財政難で人工衛星を打ち上げることもままならない。従って米国と同レベルのNMDをなかなか実現出来ないのである。

米国は結局ロシアの合意を得ずに見切り発車の形でNMD開発に乗り出しており、ロシアとしてはやむなく、NMDを突破する弾道ミサイルの開発に精を出している。

ついでながら米国はミサイル防衛において核兵器を使用することも考慮に入れているようである。核ミサイルを防ぐのに核ミサイルを使うなどと言うのは一見、本末転倒にも思えるが、それなりの事情がある。

と言うのも、恐るべき高速で飛ぶ弾道ミサイルを撃墜するというのは容易なわざではない。レーザーなども敵のミサイルが防護を固めれば効果のほどは怪しくなる。ところが核ミサイルで迎撃すれば、かなり離れた距離ですれ違っても核爆発の威力で敵ミサイルを確実に破壊出来るのだ。

実はソ連が初期に開発した迎撃ミサイルS200なども核弾頭を搭載していた。ただしS2

00などは迎撃高度が低いので周辺地域が放射能汚染される可能性が大であった。大気圏外で小型核兵器で迎撃した場合、放射能汚染はかなり希薄化される。それでも地球環境にとって好ましくないのは言うまでもないが、自国が直接核攻撃されるよりはましということであろう。

核軍拡競争は決して終わりを告げたわけではないのである。

人工衛星

弾道ミサイルは今や地球の裏側まで届くが、更に飛距離を伸ばしてやれば、地球を一周して元の軌道に戻ることになる。つまり地球の周りを回り続ける人工衛星となるわけである。

弾道ミサイルと人工衛星を同一視するのは些か強引と思われるかも知れないが、もともと人工衛星は軍事技術として開発されたという事実を見落としてはならない。

今日ロケットとミサイルを西側では分けて考えているが、本来両者には区別がない。ロケット推進の兵器V2号を考案したのは第二次大戦期のドイツだが、戦後この技術を分捕った米ソの空軍技術将校達は、V2号の技術を応用すればICBMも人工衛星も可能になることにすぐに気付いて、開発に取りかかったのだ。当時これらをロケットと呼んでいた。

その後、米国では弾頭付きのロケットをミサイルと呼ぶようになったが、ソ連ではミサイルという呼称を採用しなかった。従ってロシアでは今でもＩＣＢＭの発射部隊を戦略ロケット軍と呼んでいる。

情報収集衛星

さて人工衛星の軍事的価値とは何であろうか？　この問いに答えるには、空軍が偵察機から始まったことを思い起こして貰えばよい。人工衛星においてもその第一の利用目的は情報収集にある。

情報収集に当たる人工衛星には、大まかに言って偵察衛星、早期警戒衛星、電子情報衛星、がある。

偵察衛星

偵察衛星は写真撮影を含めた画像情報を収集するのとレーダーによる探知の二つの手段に用いる。米国は狭い範囲を精密に探査するＫＨ11型と広域を探査するラクロス型を運用している。ロシアもコスモス型の各種衛星を運用しているが、財政難で運用が途切れることもしばしばあるらしい。フランスはエリオ型を運用しており、他の欧州各国も参加・協力している。中国はＦＳＷ型を必要に応じて打ち上げて短期間の偵察を行っている。日本も２００３年３月に情報収集衛星と銘打って打ち上げている。

こうした各型の衛星の性能は基本的には軍事機密であり、不明な点が多い。ただしばしば云々されるのに画像の解像度がある。

解像度1mとは、地上の1平方mの物体が衛星の画像上で1点として捉えられる性能を指す。ということは地上の自動車1台が5個か6個の点として写真に写る程度である。

現在、解像度1mが標準だが、米ロの衛星などは30㎝まで向上しているという。人影がようやく判別出来る程度であろう。つまり何もかもが明瞭に見えてしまうわけではない。従ってその曖昧な画像から何が読み取れるかが重要な問題となる。このための作業を画像解析という。

偵察衛星は、目的上なるべく地上近くを飛ぶことが望ましい。しかし大気圏に近づけば大気の影響を受けやすくなり、速度が次第に減少してやがて衛星の軌道から落下してしまう。つまり衛星の寿命が短くなってしまう。

そこで大体地上200㎞から1000㎞上空を飛ぶことが多い。この高度だと一日に地球を数十周する。地球自体も自転しているので自転軸との角度次第では地球上を万遍なく探査出来る。

早期警戒衛星

早期警戒衛星は、弾道ミサイルの発射を早期に発見するための衛星である。特定の地域を常時、監視するためには地上約3万6000㎞の軌道上に打ち上げられる。

この軌道に乗った衛星は地球の自転と同じ周期で地球を一周する。従って地上から見るといつも同じ位置に衛星が静止しているように見えるので、この軌道の衛星を静止衛星、この軌道自体を静止軌道と呼ぶ。

静止軌道は常時、監視するのに便利であるが、高度が高すぎて必ずしも正確な発見が期しがたい。そこでもっと低高度を飛ぶ多数の衛星で監視する方法もある。

ICBMを迎撃するNMDでは早期警戒衛星を数多く必要とするのである。

電子情報衛星

電子情報衛星とは、電波を傍受する衛星である。地上には通信やレーダー、放送など様々な電波が飛び交っている。こうした電波を収集し、分析するのである。通信傍受の重要性は今更強調するまでもないだろう。レーダー波の分析も敵国のレーダーの性能を知る上で欠かせない。また閉鎖された独裁国家内の放送の傍受も内情を知る上で貴重な手がかりとなる。

通信衛星、ＧＰＳ衛星

情報収集以外では、通信衛星の重要性も忘れてはならない。米軍は海軍、空軍はもちろん陸軍の末端の現地部隊まで衛星通信を使用している。地球上どこでも配線なしに連絡出来る便利さは改めて説明するまでもあるまい。

またＧＰＳ衛星も重要だ。現在自動車のナビなどに使われているＧＰＳ（米衛星利用位置表示システム）はもともと米軍が開発したもので、ＮＡＶＳＴＡＲと呼ばれる24個の衛星からの電波を受けて位置を認識する仕組みになっている。

冷戦後、このＧＰＳの一部を民間にも開放したのだが、精度の高い部分は今も米軍の専用だ。軍事行動においては見知らぬ土地に急行することが多く、自軍の位置を確認するだけでも手間取ることが多い。ＧＰＳはその手間を大幅に削減したばかりでなく、トマホークを始めとする米軍の各種ミサイルの命中精度を飛躍的に高める働きもしている。

欧州は米国のＧＰＳに依存しない位置表示システムの完成を目指して、独自に衛星を打ち上げる計画を進めている。ガリレオ計画と呼ばれているもので、中国もすでに参加を決めている。

なぜ、米国のＧＰＳに依存していてはいけないのか、と言えば、ＧＰＳは民間は自由に利用出来ても、他国の軍隊が利用するわけにはいかないからだ。位置表示システムなしには他国の軍隊は永遠に米軍に追いつけない。結局は自前で開発するしかないのである。宇宙における覇権争いの一つと見てよい。

攻撃衛星

人工衛星が軍事上このような重要な働きをしている以上、これを阻止、攻撃する攻撃衛星の必要性は容易に理解出来よう。それは航空機において戦闘機が出現したのと同様である。現に冷戦期には攻撃衛星が開発されていたのである。

現在、人工衛星でも米国は圧倒的に優勢であり、米国の軍事覇権を支える上で人工衛星はなくてはならない働きをしている。従って今後、米国の覇権に挑戦しようとすれば、必ずや米軍の軍事衛星を破壊しなくてはならない。そのために攻撃衛星を始めとする衛星攻撃兵器の開発は、今後も続くであろう。

4　情報戦争

今日、情報通信の発達には目を見張るものがあるが、ここには本来軍事的必要性が深くかかわっていたことを忘れてはならない。

ナポレオン戦争当時の腕木通信

19世紀のナポレオン戦争当時、電気通信はまだなかったが、すでにその萌芽はあった。腕木通信と呼ばれるもので、柱の上部に可動の横木を付けてワイヤーで下から操作する。

山の頂などにこれを設置し、麓の連絡所の係員が信号表に基づいて腕木の位置を操作する。向こう側の山の麓の連絡所の係員が、この腕木の位置を望遠鏡で見て信号を受け取る。受け取った係員は、これを更に向こうの高台の麓の連絡所に伝達するためにワイヤーを操作するのである。

こうした作業を繰り返すことにより、パリからモスクワまで天候が良ければ2～3日で200以上の信号を伝達出来たという。当然この信号を盗み見たり、腕木に細工して誤情報を送らせたりする情報工作員もいた。今日的な情報戦争はすでに始まっていたのである。

電信の発明

19世紀の半ば電信が発明されると、電線はこの腕木通信の経路に沿って配線されたという。普仏戦争では電信は鉄道と並んで大活躍をした。日本でも西南戦争では電信を活用した政府軍に対して、もっぱら伝令に頼るしかなかった西郷軍は敗北を喫している。情報通信技術が勝敗の鍵を握るようになったのである。

海底ケーブルと衛星通信

19世紀末には世界の七つの海を支配する大英帝国が世界中の海に海底ケーブルを張り巡らせ、人類史上初とも言うべきグローバルな通信網を完成させた。

経営は一応民間の通信会社であり、一見軍事とは無縁に見えたが、第一次世界大戦になると英国の敵国ドイツは使用出来なくなり、ドイツの通信会社の数少ない海底ケーブルは切断され、ドイツはまず情報通信で世界から孤立した。中立国を経由した僅かな通信経路は英国によって傍受され、結局これが大戦の帰趨を決した。

第二次世界大戦では、日本の暗号電報が傍受解読されていたことは、今や周知の事実だ。

第二次世界大戦後、人工衛星が実用化されると、これを通信に応用するようになった。電波は基本的に直進するが地球は丸い。そこで人工衛星が中継してやれば地球の裏側とでも交信出来る。これが衛星通信であり、海底ケーブルと並んで国際通信の花形となった。

通信傍受

ところが衛星通信も海底ケーブルも通信傍受は至って易しい。衛星通信の場合、通信傍受用の衛星を打ち上げておくとか、地上に通信傍受用のアンテナを設置しておけばよい。海底ケーブルの場合は潜水艦で傍受出来る。

こうした通信傍受は世界各国の軍隊が競って行っていたと見られるが、特に米英を中心としたアングロサクソン諸国が共同して行っていた通信傍受は名高い。傍受と言っても昔のようにレシーバーで聞き耳を立てるのではなく、特定の声紋とか電話番号の交信をコンピュータが自動的に識別して記録してしまう。

冷戦期は軍事目的専用だったが、冷戦後は経済的利益のためにエシュロンという作戦名で傍受していたのではないかという疑惑が90年代、欧州を中心にわき起こった。これについては拙著「エシュロンと情報戦争」（文春新書）を参照されたい。

通信が地球規模になれば通信傍受も地球規模になり、情報戦争は海底から宇宙空間にまで拡がるのである。

インターネットの危険性

インターネットは今や生活の必需品である。これが米国防総省で開発されたシステムであることは有名だが、その意味が正しく理解されているとは思えない。

ある作家が反戦平和を訴えるメールマガジンをインターネットで配信して「米国防総省の開発したインターネットが平和に役立つとは皮肉なものだ」という趣旨の見解を示していたが、

やはり甘いと言わざるを得ない。インターネットは世界の平和に役立つどころか、むしろ我々の情報空間を戦場に変えてしまったと言った方が正確だ。

コンピュータウイルスといい、迷惑メールといい、個人情報の流出といい、電子メールやIP電話を使った詐欺と言い、どうしてこうもインターネットを用いた犯罪が後を絶たないのか？　まず疑うべきはここである。

90年代、インターネットの開通する直前のことを私は良く覚えているが、当時コンピュータ技術者は、皆口々に「インターネットなんて出来るわけない。セキュリティはどうするんだ？」と言っていた。ところがあっと言う間にインターネットは開通してしまい、バラ色のインターネット社会の到来が大々的に喧伝された。

当然、セキュリティの問題は克服されたとばかり思っていたら、とんでもない。インターネット犯罪は後を絶たないどころか爆発的に増大している。なぜセキュリティ問題は解決しないのか？

そもそもインターネットの起源は60年代、米国防総省が研究施設のコンピュータを通信回線で結んだことに始まる。いわば身内同士のコンピュータを結んでいるのだから、セキュリティを考える必要はなかった。

70年代には、米国防総省が研究委託している大学のコンピュータとも回線を結ぶようになる。

この段階で情報流出の危機が指摘されたが抜本的な対策は取られなかった。これは国防総省が各大学の研究状況を監視する狙いがあったためだと言われている。つまりセキュリティが万全の通信方式が開発されては傍受・監視に不都合だったのだ。

80年代には、軍事用に使用される部分はミルネットとして独立させることで、第三者の侵入を防ぐ手立てが取られ、残りの部分はより多くの大学や企業と回線を結んでいった。

そして90年代には表面的には米国防総省と回線を切り離し、一般に開放されたのである。

初めからセキュリティ問題が

こうした経緯を振り返れば明らかなように、もともとインターネットは傍受、監視、侵入がしやすいように作られているのである。しかも米国は90年代、セキュリティに問題を含んでいると認識しながら、インターネットを全世界に早急に広げようとした。この姿勢は、19世紀末に世界中に海底ケーブルを張り巡らせた大英帝国を彷彿とさせる。米国がかつての英国同様、通信覇権を狙ったことは明らかだろう。

現在、米軍は作戦部門は別にして後方部門などは、インターネットを使用して業務を効率化している。世界各国がインターネット回線を引いてくれたお陰で、米軍は世界中のどこからでもアクセス出来る。もちろん通信内容は厳重に暗号化され、その暗号はしばしば更新される。

暗号でセキュリティを確保しているのだ。

しかし暗号化するほどの余裕がないとか、暗号化しても頻繁に更新する余裕もない一般のインターネット使用者にとって、インターネットの危険はむしろ増大している。しかも、だからといってインターネットの使用をやめるわけには行かない。

インターネットの普及が我々を情報戦争の戦場に投げ込んだのは確かではなかろうか。

VIII　自衛隊の常識

1　自衛隊は軍隊か

自衛隊は軍隊である。これは世界の常識だ。小銃を肩に担って整然と行進し、戦車がこれに続く。空には戦闘機が飛び、海には護衛艦や潜水艦が航行している。これで軍隊でないなどということはあり得ない。

自衛隊が軍隊でないというのは、単に法制度上の問題に過ぎない。憲法上の論争はまだ続くだろうが、実体は軍隊だと大半の日本国民も理解している。現に先日は首相も自衛隊は軍隊だと断言し、その上で憲法改正の必要性を強調した。つまり自衛隊は軍隊だというのは、日本国民の大方の常識でもある。

だが面白いことに、この常識が自衛隊の中では必ずしも通用しない。自衛隊内部では、自衛隊は軍隊ではないとする認識が強いのである。なぜか？

これは、自衛隊は実体は軍隊なのにもかかわらず法制度上の制約から、軍隊らしからぬ側面を多々有しているためだ。つまり自衛隊の実情と軍隊としてのあるべき姿に著しい乖離が生じているので、自衛隊員自身は「これは軍隊としてのあるべき姿ではない」すなわち「自衛隊は軍隊ではない」となるわけである。

もし自衛隊員自身が現状の自衛隊を１００％軍隊だと認めてしまうと、安易な現状肯定に陥り、軍隊としての本来あるべき姿が見失われてしまう可能性がある。そうなれば欠陥だらけの現状がそのまま放置され、軍隊として弱体化していってしまう。

その意味で「自衛隊は軍隊ではない」と断言する自衛隊員の中には、現状を憂え危機感を募らせている硬派の自衛官が多いのである。ところが民間人で特に自衛隊に理解や好意を示す人達は「自衛隊は軍隊だ」と公言してはばからないから、こうした硬派の自衛官達としばしば怒鳴り合いを演ずることになる。

どちらも日本の国防を憂いているだけに、こうした光景は一層苛立ちと不条理に包まれるのが常であるが、国民の常識と自衛隊の常識とに齟齬があることを念頭に置けば無用の混乱は避けられる。

軍法会議

自衛隊において法制度上、軍隊らしからぬ点の一つは軍法会議が設置されていないことであろう。通常の軍隊では、軍刑法に違反した軍人を裁くための軍法会議が設置されているが、自衛隊にはこれがない。自衛隊員は自衛隊法に基づき特定の義務を負っているが、自衛隊法を含めて法令違反は全て普通の裁判所で裁かれる。

裁判所は、もともと平穏な状況下の論理で動いている。一方、軍隊は非常事態用の論理で動いているので、それにふさわしい軍隊用の裁判所が必要になるわけだ。自衛隊の場合、非常事態の論理が裁判所の平時の論理と、どこまでかみ合うかが常に懸念される。

ちなみに自衛隊では、旧軍の憲兵が行っていた職務を主に遂行しているのは警務である。旧軍では営倉と呼ばれる留置場があったが、自衛隊にはこれがない。従って警務は自衛隊員を逮捕出来ても、結局警察に渡すことになり、警察主導で捜査が進むことになる。

有事法制

法制度に関連して、有事法制の問題でも自衛隊の軍隊らしからぬ点が露呈する。世界各国の歴史をひもとけば明らかなように、大体どこの国でも軍隊は祖国統一時の戦争で誕生する。軍隊が登場して、しかる後に国家が確立するのである。従って国家が確立した時点において軍隊は、戦争遂行に必要な権限を全て手中に収めている。

旧軍が明治維新と共に生まれ、米軍が独立戦争で生まれ、中国人民解放軍が中国革命と共に生まれた歴史を顧みれば良い。

ところが自衛隊は戦後の混乱期に生まれた。自ら祖国統一戦争を遂行したわけでもなく、しかも誕生時には主要官庁や地方自治体は確立しており、後発の行政組織として出発したから権限はいわばゼロである。自衛隊は非常事態用の組織なのだが、そのための権限を先輩格の各官庁から分けて頂かなければならない。

平和な時代に非常事態を想像するのは難しい。また強いリーダーシップがなければ役所は変わらないのが常であるから、有事法制でも各官庁が気前よく持ち前の権限を手放すわけはない。各国で有事法制が特に問題にもならないのに、日本だけで問題になるのはこうした背景があるためである。

有事法制は、昨今かなり進展したという印象があるようだが、実際には問題だらけである。祖国統一戦争で出現した軍隊は、すでに述べたように誕生時に全ての権限を手中にしており、そのあと確立してくる行政官庁とは画然たる違いを持つ。

たとえば軍隊の権限は、基本的に自由裁量の範囲が大幅に広い。特に非常事態には、即断即決で動ける裁量を持つ。その裁量の中で、禁止されている事項だけが規定されている。これを禁止事項列挙（ネガリスト）方式と呼ぶ。

非常事態には事前には予想も付かない事態が出現し、しかも早急に対処しなくてはならない。そのために、なるべく軍隊が自由に動けるように工夫されているのである。

これに対して、一般の行政官庁は実施すべき事項があらかじめ定められており、それ以外のことはしてはいけない。これを許可事項列挙（ポジリスト）方式という。平時においては、事前に管轄を定めておく方が便利なのだ。

ところが後発の行政組織として出発した自衛隊は、他の行政官庁と同様に許可事項列挙型で権限が規定されている。つまり、あらかじめ実施すべき項目が決まっており、それ以外は出来ない。それでいて不測の事態に対処しなければならない。しかも、もともと権限があまり与えられていないのだ。

従って日本の有事法制の条文は、他国に類例を見ないほど、複雑でしかも出来ることは限られている。つまり、軍隊でありながら軍隊としての裁量を与えられていない。法制度を巡る自衛隊の悩みは深いのである。

階級

自衛隊では階級の呼び名が旧軍と異なる。たとえば陸上自衛隊では、兵卒を陸士と言い、二等兵を2等陸士、一等兵を1等陸士、上等兵を陸士長と呼ぶ。

下士官は陸曹と呼ばれ、伍長は3等陸曹、軍曹は2等陸曹、1等陸曹、曹長は陸曹長となる。将校は幹部と呼ばれ、少尉が3等陸尉、中尉が2等陸尉、大尉が1等陸尉である。佐官では、少佐は3等陸佐、中佐が2等陸佐、大佐が1等陸佐となる。

こうして見るとおおむね旧軍の階級に対応しているのだが、将官は若干異なる。少将が陸将補、中将が陸将だが、大将に対応する階級がない。

海上自衛隊では兵卒は海士、下士官は海曹であり、要するに陸の字を全て海の字に置き換えて、2等海士とか3等海曹とか3等海尉とか海将補、海将などと呼ぶ。

航空自衛隊ではこれが空の字に置き換わるだけ。2等空士、3等空曹、空将などとなる。

実は大将も元帥もいる

自衛隊には大将に該当する階級はないと述べたが、些か余談がある。陸将、海将、空将の階級章は桜をあしらったマークが三つ並んでいる。ところが米軍では中将の階級章には星が三つ並んでいてスリースターと呼ばれている。自衛隊の将の階級は中将に該当するから、米軍と自衛隊の階級章に相似性があることになる。

ところが統合幕僚会議議長と陸、海、空のトップである各幕僚長は階級はいずれも将なのに階級章には桜が四つ並んでいる。米軍では星四つフォースターは大将の階級章である。従って米軍は統幕議長と三幕僚長を大将と認識している。つまり法制度上は自衛隊に大将はいないのだが、階級章の上ではいるわけだ。

更に面白いことがある。自衛隊では、最高指揮官である内閣総理大臣と防衛庁長官のための旗、つまり内閣総理大臣旗と防衛庁長官旗が用意されている。首相や長官が部隊などを訪問した際などには、これらの旗が掲げられるのだが、それらは色こそ違え、いずれも桜が五つあしらってある。

ところが米軍では星五つファイヴスターは元帥を示す階級章だ。つまり首相や長官は元帥と見なされているわけだ。

つまり現在の日本にも大将や元帥はいるのである。

2　陸上自衛隊

陸上自衛隊では歩兵を普通科と呼ぶ。従って歩兵小隊は普通科小隊、歩兵中隊は普通科中隊だが、普通科には大隊がないので普通科中隊の上は普通科連隊となる。

また砲兵を特科、工兵を施設科と呼ぶ。

小銃

自衛隊では発足後しばらくは米軍の中古品であるM1ライフルを使用していたが、1964年には国産の64式小銃が採用された。口径は7・62㎜だが、時期的に見ると60年代の米軍は5・56㎜のM16ライフルに移行を始めていた。64式は精巧で命中率もよかったが重量が4・4kgとやや重いのが欠点だった。

1989年にやはり国産の89式小銃が採用された。口径は5・56㎜、重量3・5kgである。

戦車

これも戦後しばらくは米国製のM41などを使用していたが1961年に国産の61式中戦車が採用になった。砲口径が当時標準の90㎜であり、戦後初の国産戦車としては上出来だった。1974年には74式戦車を採用（ナナヨンシキと読む）。砲口径にやはり当時標準の105㎜が採用され、各種精密機器が搭載された世界一流の戦車であった。ただし70年代は世界的に戦車の技術革新の時代であり、74式でさえ80年代になるともはや一流とは呼べなくなっていた。1990年には90式戦車を採用（キュウマルシキと読む）。砲口径120㎜、重量50t、最高時速70㎞、乗員3名等々、世界標準に到達していると言える。しかし予算の関係で年間生産台数が少なく部隊配備が完了するのは当分先である。

3　海上自衛隊

海上自衛隊では海軍艦艇とか軍艦という呼び名は許されていない。そこで本来ならば海軍艦艇と呼ぶべき船つまり海上自衛隊の艦艇全般を自衛艦と呼んでいる。

その中で水上戦闘艦つまり戦闘能力を持っている艦で潜水艦を除いたものを護衛艦と称している。世界的な標準に照らし合わせると駆逐艦とフリゲート艦を併せて護衛艦と呼んでいることになる。

空母を持つ日

海上自衛隊も着々と成長を続けており、当初はフリゲート艦だけだったのが、今や駆逐艦まで揃えるに至った。駆逐艦と言ってもイージス艦「こんごう」クラスともなれば排水量7250tであと1000t上乗せすれば巡洋艦である。

こうなると日本が空母を持つ日も近いのではないか？　そんな質問もよく受ける。もしこの空母が米国の持っているような正規空母すなわち戦闘機や攻撃機が発着艦出来る軍艦を指すなら、日本に米第七艦隊が停泊する限りそんな日は来そうにない。

しかしヘリコプター空母まで含めるなら、既にその日は来ている。ヘリ空母は正規空母ほどの攻撃力はないが、物資の輸送や邦人救出、更には上陸作戦などには極めて有効である。

実はDDH型と呼ばれる護衛艦は、駆逐艦でありながら甲板の後部に小さなヘリ発着場を備えている。このヘリは主に旧ソ連などの潜水艦を探し出すのに使われたが、ソ連崩壊後の現在、対潜水艦作戦だけに限定するのももったいない話である。

そこで新型DDH計画では、従来の駆逐艦の形状から空母の形状に一気に飛躍した。海上自衛隊も新たな時代を迎えたと言えるだろう。

4　航空自衛隊

航空自衛隊は外国では日本空軍と呼ばれているが、正確に言うなら日本の防空空軍と言うべきであろう。つまり外国への攻撃能力はあまりないが、日本の領空を防衛する能力だけは一応ある。

バッジ・システム

この防空能力の要に位置するのがバッジ・システムである。自動警戒管制組織と訳されるが、要するに日本国中にレーダー網を張り巡らして、日本の空を24時間監視する仕組みである。日本の領空に国籍不明機が接近してくると、このレーダー網で探知して戦闘機が数分以内に緊急発進（スクランブル）し、国籍不明機を確認、警告を発する。

空に限られているものの日本を全国レベルでまとめて監視し、それなりのアクションを取れるのは、実は今のところ航空自衛隊だけなのだ。

もちろん世界各国は、いずれもこうした防空監視システムの構築に努めてはいる。日本のバッジ・システムも、もともと米国の防空監視システムを導入して構築されたのである。ところが面白いことに、米国は広大な国土を持ち隣国とも陸続きであるため、日本のバッジほど綿密な監視がいまだに出来ないという。

これはロシアも同様で、旧ソ連時代に西ドイツの青年の操縦する小型飛行機が国境を越えモスクワの赤の広場に着陸するという事件があった。

日本の場合、島国という環境と程良い広さの国土が幸いしているとも言えるが、いずれにしてもバッジ・システムが日本の安全に寄与していることは間違いない。

ちなみに2003年度、国籍不明機の接近による自衛隊機の緊急発進の回数は158回、2・3日に1回の勘定である。

要撃戦闘機

航空自衛隊には、要撃戦闘機と支援戦闘機の2種類の戦闘機がある。いずれも諸外国の空軍では聞かない名称であろう。

実は要撃戦闘機の要撃は、昔は邀撃と記していた。邀撃とは迎え撃つという意味である。戦前戦中、邀撃戦闘機は防空戦闘機とか局地戦闘機とも呼ばれていたもので、侵攻する敵航空戦力を迎え撃つ役割だった。

従って航続距離は短くていいが、上昇能力に優れ威力の強い機関砲を装備している飛行機が割り当てられた。旧海軍の雷電という戦闘機などは、その典型だった。

戦後の日本では、侵攻能力を有する飛行機などは御法度だったが、邀撃戦闘機の必要は認められた。しかし邀という漢字が当用漢字にないので要撃になったわけである。

支援戦闘機

支援戦闘機も聞き慣れない名称だが、これは他の戦闘を支援するという意味である。具体的に言えば侵攻する敵の陸軍や海軍を空から攻撃して、陸上自衛隊や海上自衛隊を支援する。つまり攻撃機としての役割を担った戦闘機ということになる。はっきり言えば戦闘攻撃機である。ではなぜそう言わないのか、といえば攻撃という言葉が穏当でないということらしい。

高射

航空自衛隊には高射部隊というのがある。戦時中、侵攻する米B29戦略爆撃機を撃墜すべく高射砲が配備されていた。砲弾を高角度で打ち上げ、敵機の飛行する高度付近で爆発させて破片で敵機を損傷させる。しかし今の自衛隊に、こうした高射砲はない。ミサイル時代であるから、これは主に地対空ミサイル部隊を指す。

5　情報本部

１９９７年１月に防衛庁情報本部が発足した。位置付けは統合幕僚会議の下であり陸、海、空の垣根が取り払われた組織となっている。しかしこれによって米国防総省のＤＩＡ、ロシア軍のＧＲＵなみの軍情報機関が成立したと考えるのは早計である。

電波情報と画像情報

と言うのも防衛庁情報本部が扱う情報は公刊情報を除くと、電波情報と画像情報だけだからである。まず電波情報について説明すると、日本周辺には様々な電波が満ち溢れている。その中には外国軍のレーダー波や無線通信、工作員の秘密通信などが含まれている。こうした電波を各地の通信所で傍受記録して情報本部で分析するのである。

レーダー波を分析すればその国のレーダー技術が分かる。それが分かれば相手のレーダーの目をごまかす方法も研究できるわけである。軍内部の無線通信を分析すれば軍内部の様子が見えてくる。工作員の秘密通信は厳重に暗号化されているので暗号解読に重点が置かれる。

画像情報とは人工衛星で地上を撮影した画像のことで、民間商業衛星から買い取った画像と政府の情報収集衛星からの画像がある。これらを分析して周辺国の主に軍事関連施設の動きを察知するのである。

これらの活動は言うまでもなく重要なものだが、物足りなく感ずるのは、対象が電波と画像だけであり、範囲も日本周辺に限られている点だ。情報の重大な特徴は関連性が無制限に拡大することだ。それだけでは何の意味も為さない情報が関連を追っていくことで重要な意味を持つ。

対人情報活動

そしてどんな情報も関連を辿っていくと最終的には必ず特定の人間に突き当たる。その人をマークすることで初めて情報の意味が明瞭になる。その意味では最終的には人間をターゲットにした情報工作つまり対人情報活動は不可欠だ。英語では〝human intelligence〟略してヒューミントというが、要するにスパイ活動のことだ。

またその人間がどこにいるのかは辿ってみなければ分からない。国内にいるのか当該国にいるのか、全く無関係な第三国にいるのかをあらかじめ特定することなど出来ない。従ってその範囲は国内国外を問わず全世界に拡がらなければならない。全世界を股に掛けるスパイは決して映画や小説の中だけのことではないのだ。

日本では国内の対人情報は主に公安調査庁が、国外の対人情報は主に外務省が担当しており、更に国内の通信傍受は警察庁、そして電波と画像は防衛庁といった具合に対象と範囲が厳格に区切られている。

当然、情報交換はしているだろうが、管轄の壁を乗り越えるのは難しい。折角収集された情報が相互に関連づけられることもなく放置されているのは慚愧に耐えない。

米英ロ仏などの例で見ると、政府や軍の情報機関はそれぞれ目的こそ異なるものの、対象や範囲などにはそれほど厳格な区別を設けず、特に対人情報については自由に活動させている。互いに豊富な情報を持っているからこそ情報交換も促される。

防衛庁情報本部がその域に達するにはまだ長い道のりがありそうである。

あとがき

世界各国の軍事費の合計は約８４００億ドルである。これは世界のＧＤＰ（国内総生産）総額の約２・６％になる（The Military Balance 2003/2004）。日本の防衛費は日本のＧＤＰの約１％であるから、世界は日本の２・６倍もの割合の軍事費を負担している計算になる。

日本は世界のＧＤＰの約１割を産出する経済大国である。日本のような経済力を持ちたいとは世界中のどこの国も思っているはずだ。もしＧＤＰの１％の軍事費ですむなら各国は当然そうするだろう。しかし世界の現実はそれを許さないのである。

もう一つ数字を挙げると、世界の現役の軍人の合計は約2億５００万人である。世界の人間の実に33人に１人は軍人である。日本の自衛官の数は約24万人で日本人のおよそ５２５人に１人の割合だから、世界を平均すると日本の約16倍もの割合で軍人がいることになる。

これを学校にたとえるなら、世界平均では１クラスに１人は軍人になる子がいるのに対して、日本では全校生徒のうち1人が自衛官になるぐらいの勘定になる。世界では軍人はどこにでもいるのに、日本では探してようやく見付けられるほどなのだ。

この二つの数字は日本の平和がいかに世界の実態から隔絶しているかを端的に示す。当然これだけ隔たっていると常識にも大きな齟齬《そご》を来す。「世界の常識は日本の非常識」とはよく言われるが、戦争や軍事の常識が最もずれていることは言うまでもない。

2003年9月に参議院の憲法調査会はコスタリカに議員団を派遣した。中米のコスタリカは憲法で軍隊を持たないことを規定しており、それが日本ではしばしば平和の楽園のようなイメージで語られている。

しかしコスタリカには国軍がないだけで治安部隊は存在しており、1955年には隣国ニカラグアから侵入した反政府軍を撃退した。また1985年には米国から軍事供与を受けニカラグア侵攻の拠点を提供している。

コスタリカが現在、軍事的脅威を感ずるとすれば北の隣国ニカラグアぐらいに限られるが、それは中南米全体が米国の圧倒的な軍事覇権下にあるからだ。南の隣国パナマは1989年に米国が侵攻し、ノリエガ将軍は逮捕、パナマ国軍は解体されやはり治安部隊しかない。

白人天国のコスタリカは米国と良好な関係さえ維持すれば平和が約束される立場にあるのだ。それぞれの国にはそれぞれの事情があり、平和の楽園などこの地上にあるはずもない。コスタリカの憲法を調査に行って、そんな当たり前の結論に辿り着いたというのなら国費の無駄遣いだし、日本をコスタリカのような国にしようと目論んでいるのなら愚挙も甚だしい。

こうした愚行を国会議員が平気で犯すのも、戦争と軍事についての常識が日本と世界で大きく隔たっている証左に他ならない。

日本は第二次世界大戦後、一貫して平和主義に徹したが、戦後直ちに戦争や軍事に無知になったわけではない。

戦後の経済発展に大きく寄与したのは、戦争から還って来た元兵隊達であることはよく知られている。1945年当時、日本軍の人員はおよそ800万人を数え、それは当時の日本の人口の約1割に当たった。軍隊で組織的活動を訓練され、ときには機械技術にも精通している大量の若者が一斉に日本経済に復帰したのだ。

彼ら戦中派は隣の戦友が弾に斃《たお》れ、自分がたまたま生き残った運命を「所詮はおまけの人生」と自嘲的に語り文字通り身を粉にして働いた。一度は国のために捧げた命を再び日本復興のために捧げたと言っても過言ではない。

しかし同時に彼らの関心が経済だけに限られていたわけではないことにも注意しなければならない。実戦経験者たる彼らの目は常に冷静に戦争に向いていたのである。ある大手の総合商社の重役は毎朝出勤すると部下に「戦争はなかったか？」と聞くのが常だったそうだ。

米ソ冷戦はもとより、朝鮮戦争、ベトナム戦争、中東戦争、アフガニスタン紛争、イラン・イラク戦争等々、日本の運命をも左右しかねないこれらの戦争に際して、戦中派は役所や企業や言論界、更には、市井、家庭にあっても冷静な判断を怠らなかった。日本がパニックに陥らず現実的な対処が可能だったのも戦中派によるところが大きい。戦中派は80年代にほぼ第一線を退いたが、彼らが退いた直後、90年代初頭の湾岸戦争では日本の対応に囂々《ごうごう》たる非難が寄せられることになった。どうして金だけではいけないのか、血と汗を共に流すとはどういう事か、同盟とは何か等々、我々は引退したはずの戦中派に教えを乞わなければならなかった。

私もこうした戦中派の元へ足繁く通った一人だが、80歳前後の老人達が現代の国際情勢はもとより、最新のハイテク戦争の本質までもきちんと掌握しているのに驚いたものである。

軍事の歴史は長いが、実は現代の戦争の形態はほとんど全て20世紀前半に起きた二つの世界大戦に淵源を持っている。戦車、航空機、潜水艦はもとより、生物化学兵器、核兵器、ミサイルまでもが登場し、更には通信技術、電子技術、映像技術が駆使され、マスコミ、言論界までも総動員された総力戦であり、戦争の一大変革であった。ここで起きた変化に較べたら昨今軍事界で騒がれている軍事革命（RMA）などはその余波に過ぎない。

従って戦中派は第二次世界大戦の実戦経験に基づいて戦後の軍事力の発達を類推できたし、世界大戦の結果、生まれたに過ぎない戦後秩序を理解するのも容易だったのである。こうした戦中派の知恵は戦中派そのものと共に急速に失われつつある。そして、こうした知恵が失われるに従って、軍事や安全保障の問題で無用の混乱が起きていると思うのは私ばかりではあるまい。

本書は、編集部から「戦争の常識」という題名の本ということで依頼を頂いて直ちに構想が思い浮かんだものである。その背景に以上述べたような動機が眠っていたことは言うまでもない。

本書の出版に当たって、実戦経験に基づいた話をしてくださった戦中派の方々、執筆に際して適切なアドバイスを与えてくださった文藝春秋出版局の田部知恵人さん、また綿密なチェックをしていただいた校閲の方に改めてお礼を申し上げたい。

参考文献

全般

Christopher Langton, *The Military Balance 2003/2004*, Oxford University Press, International Institute for Strategic Studies, 2003

Ⅰ　国防の常識

「悪の論理」倉前盛通・著、角川文庫　１９８０年
「国防用語辞典」防衛学会・編、朝雲新聞社　１９８０年
「ハンディ語源英和辞典」小川芳男・編、有精堂出版　１９６１年

Ⅱ　軍隊の常識

「防衛用語辞典」眞邉正行・編著、国書刊行会　２０００年

Ⅲ　兵隊の常識

「世界の憲法集（第２版）」阿部照哉／畑博行・編、有信堂高文社　１９９８年

「解説世界憲法集（第4版）」樋口陽一／吉田善明・編、三省堂　2001年
「新訂　世界の国防制度」防衛法学会・編、第一法規出版　1991年

Ⅳ　陸軍の常識

「戦略・戦術用語事典」片岡徹也／福川秀樹・編著、芙蓉書房出版　2003年
「新・戦争のテクノロジー」ジェイムズ・F・ダニガン・著、岡芳輝・訳、河出書房新社　1992年
「最新軍用銃事典」床井雅美・著、並木書房　1994年
「コンバット・バイブル」上田信・著、日本出版社　1992年
「コンバット・バイブル2」上田信・著、日本出版社　1993年
「現代兵器事典」三野正洋／深川孝行・著、朝日ソノラマ　1998年
「ソ連地上軍」デービッド・C・イスビー・著、林憲三・訳、原書房　1987年
「最新陸上兵器図鑑」学習研究社　2001年
「ミリダス　軍事・世界情勢キーワード事典」大波篤司・著、新紀元社　2001年
「特集　戦場『タクシー』高機動車両」（月刊誌「丸」2004年5月号、潮書房）
「軍用自動車入門」高橋昇・著、光人社NF文庫　2000年

「世界の戦車」ケネス・マクセイ・編著、林憲三・訳、原書房　1984年
「戦車と機甲戦」野木恵一・著、朝日ソノラマ　1981年
「〈大図解〉最新兵器戦闘マニュアル」坂本明・著、グリーンアロー出版　1993年

Ⅴ　海軍の常識

「戦艦の世紀」田中航・著、毎日新聞社　1979年
「トラファルガル海戦」ジョン・テレン・著、石島晴夫・訳編、原書房　1976年
「世界巡洋艦物語」福井静夫・著、光人社　1994年
「戦争のお値段」西村直紀・編、文林堂　2003年
「世界軍事学講座」松井茂・著、新潮社　1996年
「日米空母戦力の推移」手島丈夫・著、文京出版　1995年
「アメリカ海軍図鑑」坂上芳洋・監修、中村雅夫・編集、学習研究社　2001年
「日本海軍式『潜水艦奇襲作戦』クロニクル」瀬名堯彦・著（月刊誌「丸」2000年6月号）
「世界の最新兵器カタログ　空軍・海軍編」日本兵器研究会・編、アリアドネ企画、三修社・発売　1998年
「海上護衛戦」大井篤・著、朝日ソノラマ　1992年

「WWIIに登場したLHDのルーツ探索」阿部安雄・著（月刊誌「丸」2001年12月号）

Ⅵ　空軍の常識

「現代航空戦史事典」ロン・ノルディーンJr.・著、江畑謙介・訳、原書房　1988年
「アメリカ空軍図鑑」山岡靖義・監修、中村雅夫・編集、学習研究社　2003年
「中国空軍」茅原郁生・編著、芦書房　2000年
「最新・アメリカの軍事力」江畑謙介・著、講談社現代新書　2002年
「ジェット空中戦」木俣滋郎・著、ファラオ企画　1992年
「軍事技術の知識」日本記者クラブ軍事技術研究会・編、原書房　1984年
「世界軍用機年鑑'92〜'93」青木謙知・編集、エアワールド　1992年

Ⅶ　現代戦の常識

「図解　中国の軍事力」宇佐美暁・著、河出書房新社　1996年
「平成15年版　日本の防衛　防衛白書」防衛庁・編、ぎょうせい　2003年
「最新・アメリカの軍事力」江畑謙介・著、講談社現代新書　2002年
「ロシアの〝パトリオット〟S－300P要撃ミサイル」江畑謙介・著（月刊誌「軍事研究」199

8年9月号、ジャパン・ミリタリー・レビュー）
「米国を凌ぐロシアＴＭＤシステム　Ｓ－３００Ｖ戦域迎撃ミサイル」江畑謙介・著（月刊誌「軍事研究」１９９８年10月号、ジャパン・ミリタリー・レビュー）
「ミサイル防衛の基礎知識」小都元・著、新紀元社　２００２年
「ＴＭＤ・戦域弾道ミサイル防衛」山下正光／高井晋／岩田修一郎・著、ＴＢＳブリタニカ　１９９4年
Darid Baker, *Jane's Space Directory 2002-2003*, Jane's Information Group, 2002
Jane's Strategic Weapon Systems, Issue 31, Jane's Information Group

鍛冶俊樹（かじ としき）

1957年、広島県生まれ。軍事ジャーナリスト。83年、埼玉大学教養学部卒業。同年、航空自衛隊に幹部候補生として入隊。情報通信関係の将校として十年間勤務の後、94年、当時の細川内閣の防衛政策を批判して一等空尉にて退職。評論活動に入る。95年、「日本の安全保障の現在と未来」で第一回読売論壇新人賞佳作に入選。著書に『小説東アジア覇権戦争』(共著)、『エシュロンと情報戦争』などがある。

文春新書

426

戦争《せんそう》の常識《じょうしき》

平成17年2月20日 第1刷発行
平成19年10月15日 第5刷発行

著者 鍛冶俊樹
発行者 細井秀雄
発行所 株式会社 文藝春秋

〒102-8008 東京都千代田区紀尾井町3-23
電話 (03)3265-1211（代表）

印刷所 大日本印刷
製本所 大口製本

定価はカバーに表示してあります。
万一、落丁・乱丁の場合は小社製作部宛お送り下さい。
送料小社負担でお取替え致します。

ISBN4-16-660426-0

文春新書９月の新刊

21世紀研究会編
法律の世界地図

シンガポールでは、自分の家の木でも切ってはいけない!? 法律から見えるその国の意外な姿。勉強にも海外旅行のお供にも使えます

589

井上 薫
裁判所が道徳を破壊する

「試験秀才」的で非常識な、独りよがりな「正義感」の裁判官たちが、「法」「正義」の名の下に、いかに「道徳」を破壊してきたか

590

青野慶久
ちょいデキ！

「こんな私でもなんとかやってます」ＩＴ企業サイボウズ社長が簡単仕事術を伝授。難しいビジネス書と一線を画す若いサラリーマン応援の書

591

四方田《よもた》犬彦
人間を守る読書

古典からサブカルチャーまで約百五十五冊の書物を紹介。「決して情報に還元されることのない思考」のすばらしさを読者に提案する

592

双葉十三郎
ミュージカル洋画 ぼくの５００本

「ウエスト・サイド物語」「マイ・フェア・レディ」「巴里祭」「アニーよ銃をとれ」「イースター・パレード」……名曲が心に残る傑作の数々

593

文藝春秋刊